中等职业学校规划教材

分析化学实验

第二版

邢文卫　李　炜　编

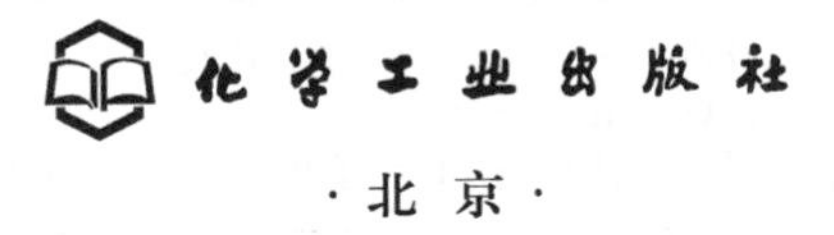

·北京·

本书主要介绍了分析化学实验的基础知识、分析天平及定量分析实验仪器的基本操作、滴定分析、称量分析、常用化学分离法等部分内容，共计44个实验。每个实验都有明确的目的要求、实验原理、实验步骤、结果计算等内容，并附有思考题。部分实验还附有实验注意事项。在实验内容的选择上，注意了典型性和综合性，注重基本技能的规范化训练。

本书可作为中等职业学校工业分析专业教材，也可作为职业技术学院化工类及其他相关专业的教学用书或参考书使用。

图书在版编目（CIP）数据

分析化学实验/邢文卫，李炜编．—2版．—北京：化学工业出版社，2006.12（2021.9重印）
中等职业学校规划教材
ISBN 978-7-5025-9758-0

Ⅰ．分…　Ⅱ．①邢…②李…　Ⅲ．分析化学-化学实验-专业学校-教材　Ⅳ．O652.1

中国版本图书馆CIP数据核字（2006）第150940号

责任编辑：蔡洪伟　陈有华　　文字编辑：刘志茹
责任校对：陶燕华　　装帧设计：于　兵

出版发行：化学工业出版社（北京市东城区青年湖南街13号　邮政编码100011）
印　　装：北京虎彩文化传播有限公司
850mm×1168mm　1/32　印张4¾　字数124千字
2021年9月北京第2版第14次印刷

购书咨询：010-64518888　　售后服务：010-64518899
网　　址：http：//www.cip.com.cn
凡购买本书，如有缺损质量问题，本社销售中心负责调换。

定　价：18.00元

第二版前言

本书第一版自出版以来得到了广大读者的好评，为了更好地服务于读者，服务于“中等职业教育”，我们对本教材进行了修订，现作以下说明。

一、分析化学实验作为一门实践性很强的课程，在分析化学学科中占有很大的比重。本教材力求做到反映中等职业教育的特点，突出实用性，以利于学生综合素质的形成，培养学生科学思维的方法和创新能力。

二、分析化学实验要注重以理论指导实践，培养学生具有观察现象、分析问题和正确判断结果的能力。因此，本书对实验室基本知识、实验目的、基本原理、操作步骤等叙述较详，并对实验操作中应该注意的一些问题加以说明，以便学生系统掌握。

三、对实验基本操作部分的内容有所增加，注重逐步培养学生掌握较全面的实验知识，要求严格规范仪器的使用方法并熟练掌握基本操作技能。

四、突出定量分析中“量”的概念，在实验内容中，较第一版增加了分析结果的计算公式，均采用化学计量关系进行计算。

五、删掉了第一版中一些实验过程复杂、内容重复或选做的实验，而增加了部分有针对性并简单易做，又与实际工作和生活联系较密切的实验（如实验一和实验三十九等）。

本书修订过程中，由于编者水平所限，书中仍难免有不足之处，敬请广大师生提出宝贵意见，编者在此深表谢意。

编　者

2006年11月

第一版前言

本书是根据1995年化学工业部化工中专教学指导委员会制定的《分析化学实验教学大纲》编写的，是《分析化学》的配套教材，适用于初中毕业四年制及高中毕业二年制工业分析专业教学使用。

对本书内容，现作以下几点说明。

一、分析化学实验是一门实践性很强的课程，在分析化学中占有很大比重。本教材体现了对学生实验动手能力及独立工作能力的培养；同时既注意到与分析化学的密切配合，又保持实验教材的完整性和独立性。

二、为加强基本训练，提高实验教学质量，从基本操作方面要求严格规范化、树立准确“量”的概念和熟练掌握操作技能。从实验内容方面，结合教学特点，大多选择的是经过多年实践、比较成熟的分析方法，并尽可能采用国家标准所规定的方法。有些实验，两种方法同时并列。从分析试样的选用方面，除安排一些试剂样品的分析外，还安排有实际试样的分析。

三、为培养和提高分析问题解决问题的能力，增强独立工作能力，增加了研究性和设计分析方案的实验。每个实验列有思考题，启发学生对该实验的原理、操作技术、计算分析结果等方面的思考和探讨。

四、书中选编的实验略多一些，便于各校根据具体情况选择必做实验及选做实验。全书采用国家法定计量单位，并以它作为分析计算的依据。

本书在编写过程中，得到北京化工学校王芝、北京市化工学校袁昆的关心与帮助，提出许多宝贵意见，谨此致谢。

编者水平有限，书中难免有缺点和错误，敬希读者批评指正。

编　者

1997年1月

目　录

第一章　分析化学实验的基本知识

第一节　分析化学实验的任务和要求

分析化学实验是一门专业性、实践性很强的学科，是分析化学课程的重要组成部分。通过本课程实验，可以使学生巩固加深对分析化学基本理论的理解，正确、熟练地掌握分析化学实验的基本操作技能，建立准确的“量”的概念；养成实事求是的科学态度和严谨、细致的工作作风；提高学生观察、分析、解决问题的能力，并为学习后续专业课和将来走上工作岗位奠定良好的基础。

为完成上述任务，在进行实验时，要求做到以下几点。

① 做好实验预习。学生在实验前一定要在听课和复习的基础上，认真阅读实验教材，明确实验目的，领会实验原理，熟悉实验方法和实验步骤，掌握操作步骤及注意事项。写好预习报告。

② 实验过程中，要做到手脑并用。在严格按照规范进行操作的同时，还要主动思考，灵活运用所学知识解决实验过程中出现的各种问题。

③ 认真做好实验记录。在实验中要随时记录实验数据和实验现象，要保证实验记录真实可靠。还要根据实验具体情况，及时判断是否要增加平行测定次数或实验是否需要重做。在此基础上完成实验报告。

④ 严格遵守实验室规则，保持良好的实验环境和工作秩序。实验结束后要洗涤实验所用的玻璃仪器并复原，认真填写实验记录，清洁实验台，做好实验室卫生。

第二节　实验室安全知识

一、实验室安全守则

① 认真遵守实验室各项规章制度，仔细操作，并保持肃静。

② 实验前清点仪器。实验过程中，若有损失，应及时填写报损单或申请更换。

③ 熟悉实验室内的气、水、电开关，实验中防止中毒、触电、烧伤和着火。

④ 精密仪器在使用前要认真检查是否完好，严格按照规程操作。如发现故障，应立即停止使用，并及时报告指导教师。

⑤ 实验室内严禁吸烟，严禁食物、试剂入口，禁止用实验仪器代替餐具。化学试剂都应有标签，绝不可以盛装与标签不相符的物质。

⑥ 试剂瓶磨口粘固无法打开时，可将瓶塞部分在实验台上轻轻磕撞，使其松动；或用电吹风微微吹热瓶颈部分，使其膨胀；也可以在粘固的缝隙间滴加几滴渗透力强的液体（如乙酸乙酯、煤油、渗透剂 OT、水和稀盐酸等）。严禁用重物或用大力敲击，以防瓶体破裂。

⑦ 切割玻璃管、玻璃棒或装配拆卸玻璃仪器装置时，要垫布进行，防止玻璃制品突然破裂而造成损伤。

⑧ 使用浓酸、浓碱时要格外小心，切不可接触皮肤或衣物；取用挥发性的浓硝酸、浓盐酸、浓氨水及浓硫酸、浓高氯酸，或有氰化氢、二氧化氮、硫化氢、三氧化硫、溴、氨等有毒、有腐蚀性气体产生的步骤时，应在通风橱内进行；稀释浓硫酸，必须在烧杯等耐热容器中进行，且一定要在不断搅拌下将浓硫酸缓缓注入水中，温度过高应先冷却降温后再继续加入浓硫酸；配制氢氧化钠、氢氧化钾等浓溶液时，也必须使用耐热容器；中和浓酸、浓碱，必须先稀释；夏天使用浓氨水时，应将氨水瓶在流水下冷却后，再开启瓶塞，以免浓氨水溅出。

⑨ 使用砷化物、氰化物、汞盐等剧毒物质时，必须采取恰当的防护措施。实验后剩余的毒物要妥善处理，切勿随意丢弃或倒入水槽。装有有毒、有腐蚀性、易燃、易爆物质的器皿，应由操作者亲自清洗。

⑩ 使用四氯化碳、乙醚、苯、丙酮、三氯甲烷等有毒或易燃的有机试剂，要远离火源和热源，使用后立即盖严瓶塞，置于阴凉处保存；低沸点的有机溶剂需在水浴上进行加热，不能直接加热；用过的试剂应倒入回收瓶中，不可倒入水槽。

⑪ 使用酒精灯，切不可在明火状态下添加酒精；使用煤气灯，应先将空气调小，再开启煤气开关点火，并调节好火焰。用后随时关闭。

⑫ 实验室应保持整洁、有序。废纸、碎玻璃等废弃物应投入垃圾箱；废酸、废碱等废液应倒入指定的废液桶；实验台上洒落的试剂要及时清理干净；实验完毕要仔细洗手；实验结束要确认水、电、气及门、窗已经关好，方可离开实验室。

二、实验室意外事故紧急处理

分析检验过程是通过使用各种化学试剂和相关仪器设备完成的。实验中必然存在各种潜在危险，此外，由于实验者操作不熟练、粗心大意或违反操作规程的原因，都会造成意外事故发生。如遇意外事故，要立刻采取实用有效的方法处理，以期将事故危害降低到最小。

（1）起火　首先切断电源，关闭煤气阀门，快速移走附近的可燃物，以防止火势蔓延。再根据起火原因和性质，采取适当方法灭火。例如，酒精等可溶性液体着火时，可用水灭火；汽油、乙醚等有机溶剂着火时，用沙土灭火；导线或电器设备着火时，用四氯化碳灭火器灭火；衣物着火时可用湿布在身上抽打灭火，或就地躺下滚动灭火。火势较猛，应视具体情况，选用适当灭火器，并立即报警救援。

（2）中毒　化学实验中使用的大部分化学试剂都是有毒的。毒物可以通过多种途径侵入人体，引起中毒。一旦中毒，要立刻采取简单、有效的自救措施，力求在毒物被机体吸收前及时抢救，使毒物对人体的伤害程度降到最低。例如，吸入对皮肤黏膜有刺激作用和腐蚀性作用的硫酸、盐酸和硝酸，应立即用大量水冲洗，再用2%碳酸氢钠水溶液冲洗，最后再用清水冲洗；氢化物或氢氰酸中毒要立刻脱离现场，进行人工呼吸、吸氧或用亚硝酸异戊酯、亚硝酸钠解毒；汞及其化合物中毒，早期要用饱和碳酸氢钠溶液洗胃或迅速灌服牛奶、蛋清、浓茶或豆浆，并立即送医院治疗；砷及其化合物中毒，要立即脱离现场，灌服蛋清或牛奶，送医院治疗；铅及其化合物中毒，用硫酸钠或硫酸镁灌肠，并送医院治疗；苯及其同系物、四氯化碳、三氯甲烷等中毒后，要立即脱离现场，进行人工呼吸、输氧，送医院救治；氮氧化物、硫化氢、二氧化硫、三氧化硫、一氧化碳和煤气、氯气等中毒，应立即离开现场，人工呼吸、输氧，送医院救治。

(3) 化学灼伤　是由于皮肤接触腐蚀性化学试剂所致。出现化学灼伤，要立即用大量水冲洗，除去残留在伤处的化学物质，再用适当方法消毒，包扎后送医院救治。眼睛被化学药品灼伤后，要立刻用流水缓慢冲洗。酸灼伤可用2%碳酸氢钠冲洗，对于碱灼伤，可用4%硼酸冲洗。然后送医院进行治疗。

(4) 冻伤　分析实验中的冻伤大多是由于非正常使用液化气体或制冷设备，使冷冻剂泄漏而造成的。一旦出现冻伤，应将冻伤部位浸入40～42℃的温水中浸泡，或用温暖的衣物等包裹，使伤处缓慢升温，严重冻伤应送医院救治。

(5) 玻璃割伤　先除去伤口上的玻璃屑，再用75%的酒精清洗伤口，再敷上止血药，并用纱布包扎。但要注意伤口切勿接触化学试剂。

(6) 触电　应立即切断电源，必要时进行人工呼吸。

第三节　分析实验用水

在分析工作中，仪器的洗涤、样品的处理、溶液的配制都需要用水，但是，一般自来水和其他天然水都不能直接使用，需要根据实验任务和要求，采用不同级别的纯水。纯水并不是绝对不含杂质，而是杂质含量等相关指标符合一定标准的水。目前，我国已经建立了实验室用水规格的国家标准（GB/T 6682—92），其中规定了实验室用水的技术指标、制备方法和检验方法。此标准的制定颁布，对规范我国分析实验用水，进而提高测定准确度起到重要的作用。

一、分析用水的级别和规格

根据标准，实验室用水可分三级。

（1）一级水　基本不含可溶性或胶态离子杂质及有机物。一般用二级水经过石英蒸馏设备或离子交换混合床处理后，再经 0.2μm 微孔滤膜过滤而制得。一级水用于有严格要求的分析实验，如高压液相色谱分析等。

（2）二级水　一般含微量的无机、有机或胶态杂质。采用蒸馏、反渗透或去离子处理后再经蒸馏等方法制备而得。主要用于无机痕量分析实验，如原子吸收光谱实验等。

（3）三级水　是实验室中使用最普遍的纯水。多采用蒸馏法制备，所以实验室常称其为蒸馏水。目前多改用离子交换法、电渗析法或反渗透法制备。三级水适用于一般实验工作。

实验室用水规格如表 1-1 所示。

表 1-1　分析实验室用水水质指标

水质指标	一级水	二级水	三级水
pH 范围(25℃)	—	—	5.0～7.5
电导率(25℃)/$mS \cdot m^{-1}$　≤	0.01	0.10	0.50
可氧化物质[以(O)计]/$mg \cdot L^{-1}$　≤	—	0.08	0.4
蒸发残渣[(105±2)℃]/$mg \cdot L^{-1}$　≤	—	1.0	2.0
吸光度(254nm,1cm 光程)　≤	0.001	0.01	—
可溶性硅[以(SiO_2)计]/$mg \cdot L^{-1}$　≤	0.01	0.02	—

二、纯水的制备

实验室用纯水的制备方法很多，有蒸馏法、离子交换法、电渗析法、电泳法等。不同的制备方法，其水质也不同。但是制备纯水的原料水，必须是饮用水或比较纯净的水。下面简要介绍几种制备纯水的方法。

1. 蒸馏法

蒸馏法是利用水与杂质的沸点不同，将原料水用蒸馏装置加热成蒸汽，除去水中的不挥发性杂质，再将水蒸气冷凝成水的一种方法。这种方法操作简单、成本低廉、能除去水中不挥发性的杂质，但不能除去易溶于水的气体杂质。一次蒸馏所得的纯水仍含有微量的杂质，只能用于定性分析或一般工业分析。对于要求较高的分析操作实验，必须采用多次蒸馏而得的高纯蒸馏水。

蒸馏过程多采用铜制、玻璃、铝制或石英等材料的内电阻加热式蒸馏设备，不同材料的蒸馏器，所带杂质也不同，实验中要合理选择。

值得注意的是，以生产中的废汽冷凝制得的“蒸馏水”，由于含有较多杂质，因此不能直接用于分析化学实验。

2. 离子交换法

该法是将普通原料水经过阳离子交换树脂和阴离子交换树脂，以除去杂质的方法。由该法制得的纯水称为“去离子水”。离子交换法制备成本低、产量大，可以满足工业生产上需要的高纯水的要求。但是设备较复杂，制备的纯水中含有微生物和某些有机物，且还有微量树脂溶在去离子水中。使用中要注意它们的影响。

3. 电渗析法

该法是建立在离子交换基础上的一种方法。它是在外电场作用下，利用阴、阳离子交换膜对溶液中离子的选择性透过而使溶液中的溶质和溶剂分开，从而分离出杂质，达到制备纯水的目的。该法除杂质效率低，制得的水水质较差，一般只适合于要求不太高的分析工作。

三、纯水的质量检验

分析化学实验用水，一般符合 GB/T 6682—92 中三级水标准即可。纯水的水质检验，其常规项目是电导率和 pH 范围。此外有时还应对阳离子、阴离子、吸光度、可氧化物等项目进行检验。现分述如下。

（1）电导率　纯水是微弱导体，但是如果水中含有电解质杂质，会使电导率增大，故此可用来判断水中杂质的多少。一般可使用电导仪测定纯水的电导率。一、二级水需用新制备的水“在线”测定，但是测得值极低，所以，通常只测三级水。测定方法为：将 300mL 待测水注入烧杯中，插入洁净光亮的铂电极，用电导仪测定其电导率，若测定值不大于 $0.50mS \cdot m^{-1}$，则符合三级水标准。

（2）pH 范围　由于在一、二级纯水的纯度下，很难测定其真实的 pH，因此只需测定三级水。普通纯水的 pH 应在 5.0～7.5 之间（25℃），可用精密 pH 试纸或酸碱指示剂检验（甲基红不显红色，溴百里酚蓝不显蓝色），但更准确的方法是用酸度计测定。

（3）吸光度的测定　将水样分别注入 1cm 和 2cm 的比色皿中，用紫外-可见分光光度计于波长 254nm，以 1cm 比色皿中的水为参比，测定 2cm 比色皿中水的吸光度。应符合表 1-1 中的要求。

（4）可氧化物　由于在一级水的纯度下，难以测定可氧化物的含量，因此，标准中对其限量不作规定。只需测定二、三级水的指标。测定方法为：将 100mL 待测水注入烧杯中，加入 10.0mL $1mol \cdot L^{-1}$ 的 H_2SO_4 溶液和新配制的 1.0mL $0.002mol \cdot L^{-1}$ 的 $KMnO_4$ 溶液，盖上表面皿，将其煮沸并保持 5min，与置于另一相同容器中不加试剂的等体积水样比色判断。

（5）阳离子（Ca^{2+}、Mg^{2+}、Zn^{2+}、Cu^{2+}、Pb^{2+}、Fe^{3+}）的检验　取 10mL 水样，加入氨性缓冲溶液（pH＝10）2mL，$5g \cdot L^{-1}$的铬黑 T 指示剂 2 滴，摇匀。溶液呈蓝色，则表示各种阳离子含量甚低，指标合格；若为紫红色则表示不符合指标。

（6）Cl^- 的检验　取 10mL 水样，加入数滴 $4mol \cdot L^{-1}$ 的 HNO_3，再加 2～3 滴 $10g \cdot L^{-1}$ 的 $AgNO_3$ 溶液，摇匀后未见浑浊，即为合格。

第四节 化学试剂

化学试剂是符合一定质量标准，并满足一定纯度要求的化学药品。它是分析工作中必不可少的因素。充分了解化学试剂的类别、性质、用途与安全使用方面的知识，将直接影响分析检验工作的质量。所以，作为分析工作者一定要熟悉这部分内容。

一、化学试剂的种类

化学试剂种类繁多，世界各地的分类分级标准也不统一。我国根据质量标准和用途的不同，将化学试剂分为标准试剂、普通试剂、高纯试剂和专用试剂四大类。

1. 标准试剂

标准试剂是用来衡量其他物质化学量的标准物质，通常主体成分含量高而且准确可靠。标准试剂一般由大型试剂厂生产，并经过严格的国家标准检验。

容量分析中采用的标准试剂又称为基准试剂，它分为C级（第一基准，主成分99.98%～100.02%）和D级（工作基准，主成分99.95%～100.05%）两级，其中D级基准试剂是滴定分析中使用的标准物质，常用的D级基准试剂见表1-2所示。

表1-2 常用D级基准试剂

试剂名称	国家标准代号	主要用途
无水碳酸钠	GB 1255—90	标定 HCl、H_2SO_4 溶液
邻苯二甲酸氢钾	GB 1257—89	标定 NaOH、$HClO_4$ 溶液
氧化锌	GB 1260—90	标定 EDTA 溶液
碳酸钙	GB 12596—90	标定 EDTA 溶液
乙二胺四乙酸二钠	GB 12593—90	标定金属离子溶液
氯化钠	GB 1253—89	标定 $AgNO_3$ 溶液
硝酸银	GB 12595—90	标定卤化物及硫氰酸盐溶液
草酸钠	GB 1254—90	标定 $KMnO_4$ 溶液
三氧化二砷	GB 1256—90	标定 I_2 溶液
重铬酸钾	GB 1259—89	标定 $Na_2S_2O_3$ 溶液
碘酸钾	GB 1258—90	标定 $Na_2S_2O_3$、$FeSO_4$ 溶液
溴酸钾	GB 12594—90	标定 $Na_2S_2O_3$ 溶液

2. 普通试剂

普通试剂是分析化学实验中使用最多的通用试剂，它一般包括三个级别，见表 1-3。

表 1-3　普通试剂的级别规格

等　级	纯　　度	英文符号	适 用 范 围	标签颜色
一级	优级纯（保证试剂）	G. R.	精密分析实验和科学研究工作	绿色
二级	分析纯	A. R.	一般分析实验和科学研究工作	红色
三级	化学纯	C. P.	一般分析工作	蓝色
四级	实际试剂	L. R.	一般化学实验辅助试剂	棕色或其他色
生化试剂	生物染色剂（生化试剂）	B. R.	生物化学及医用化学实验	咖啡色（玫瑰色）

3. 高纯试剂

高纯试剂的主成分含量与优级纯试剂相当，但是杂质含量很低（10^{-6}～10^{-9}），主要用于微量分析中试样的分解及试液的制备。高纯试剂属于通用试剂，目前我国仅颁布了 8 种高纯试剂的国家标准，其他产品一般执行企业标准，各个生产厂家对高纯试剂的称谓也不统一，例如有“超纯”或“特纯”等标记。使用时应予注意。

4. 专用试剂

专用试剂是指有特殊用途的试剂。其主成分含量高，杂质含量低。它主要用于特定的用途，干扰杂质的成分只需要控制在不致产生明显干扰的限度以下。专用试剂种类繁多，如紫外及红外实验的光谱纯试剂，色谱实验中的色谱试剂，气相色谱载体及固定液，液相色谱填料，薄层色谱试剂，核磁共振试剂等。

二、化学试剂的取用

化学试剂的选用原则是在满足实验要求的前提下，尽量选择低级别的试剂，但是也不能随意降低试剂级别。试剂的取用应考虑以下情况。

① 一般滴定分析常用的标准溶液，应采用分析纯试剂配制，D级基准试剂标定；而对分析结果要求不高的实验，则可用优级纯甚至分析纯试剂代替；仲裁分析一般选择优级纯和分析纯试剂；在痕量分析时，应选用优级纯试剂。

② 化学试剂的级别必须与相应的纯水以及容器配合。比如，在精密分析实验中使用的优级纯试剂，需要以二次蒸馏水或去离子水及硬质硼硅玻璃器皿或聚乙烯器皿与之配合，才能符合实验要求。

③ 取用化学试剂，瓶塞应翻转倒置于洁净处，取后立即盖好。

④ 取固体试剂时，应先用干净滤纸将洗净的药勺擦干，取用后，立即洗净药勺。

⑤ 用吸管吸取试剂溶液应事先将吸管洗净并干燥。绝不允许用同一吸管未经洗净就插入另一种试剂中使用。

⑥ 使用滴定管、移液管、吸量管时，一定要用待盛试液刷洗2～3次。

⑦ 试剂瓶上必须有标签，并写明试剂名称、规格、配制日期、配制人等。从试剂瓶中倒取试剂时要保护标签。

⑧ 取出的试剂绝不允许再倒回原试剂瓶中。

⑨ 试剂的浓度和用量应按要求取用。过浓、过多会造成浪费，甚至对实验结果造成影响。

三、化学试剂的保管

化学试剂保管不当会造成变质，引起分析误差，甚至造成事故。因此妥善、合理的保管化学试剂是一项相当重要的工作。一般的化学试剂要保存在干燥、洁净、通风良好的贮藏室，注意远离火源，并防止水分、灰尘和其他物质的污染。还要注意试剂之间的相互影响引起的变质。在保管化学试剂时，还要注意以下几点。

① 一般试剂应保存在通风良好、干净、干燥的贮藏室，分类存放。

② 特殊试剂应采用特殊方法保存。例如金属钠要保存在煤油中；白磷要保存在水中等。

③ 固体试剂应保存在广口瓶中；液体试剂一般要保存在细口玻璃瓶中。

④ 见光易分解的试剂应盛在棕色瓶中并置于暗处存放。

⑤ 容易侵蚀玻璃而影响纯度的试剂应保存在塑料瓶或涂有石蜡的玻璃瓶中。

⑥ 盛碱液的瓶子要用橡皮塞，不能使用磨口塞。

⑦ 吸水性强和易被空气氧化的试剂，应该蜡封处理。

⑧ 易相互作用的试剂应分开存放。

⑨ 易燃、易爆的试剂应该与其他试剂分开，存放于阴凉通风、不受光照的地方。

⑩ 剧毒试剂应有专人妥善保管，并严格领用手续，以免发生事故。

第五节　定量分析中常用的仪器

分析实验离不开各类仪器，这就要求分析工作者要熟悉它们的性能及使用和保管的方法。掌握这些知识，对于分析操作、延长仪器使用寿命、防止实验事故的发生，进而顺利完成实验有十分重要的作用。

一、玻璃器皿

化学分析实验中大量使用玻璃仪器，是由于玻璃仪器具有较好的透明度，很高的化学稳定性（某些特殊试剂除外，如氢氟酸、氟化物等），耐热性较好，加工方便，应用广泛，价格低廉等优点。常见玻璃仪器的规格、用途和使用注意事项见表 1-4。

表 1-4　常见玻璃仪器

名　称	主要规格	主要用途	使用注意事项
烧杯	容量（mL）：10、15、25、50、100、200、250、400、500、600、800、1000、2000	配制溶液；溶样；进行反应；加热；蒸发；滴定等	不可干烧；加热时应受热均匀；液量一般不超过容积的 2/3

续表

名　称	主要规格	主要用途	使用注意事项
锥形瓶	容量(mL):5、10、25、50、100、150、200、250、300、500、1000、2000	加热;处理试样;滴定	磨口瓶加热时要打开瓶塞,其余同烧杯使用注意事项
碘量瓶	容量(mL):50、100、250、500、1000	碘量法及其他生成挥发物的定量分析	同锥形瓶使用注意事项
圆底烧瓶、平底烧瓶	容量(mL):50、100、250、500、1000	加热;蒸馏	避免直火加热
蒸馏烧瓶	容量(mL):50、100、250、500、1000、2000	蒸馏	同烧瓶使用注意事项
凯氏烧瓶	容量(mL):50、100、250、300、500、800、1000	消化、分解有机物	使用时瓶口勿对人;其余同蒸馏烧瓶使用注意事项
量筒、量杯	容量(mL):5、10、25、50、100、250、500、1000、2000;量出式	粗略量取一定体积的溶液	不可加热;不可盛热溶液;不可在其中配制溶液;加入或倾出溶液应沿其内壁
容量瓶	容量(mL):5、10、25、50、100、200、250、500、1000、2000;量入式;A级、B级;无色、棕色	准确配制一定体积的溶液	瓶塞应密合;不可烘烤、加热;不可贮存溶液;长期不用时应在瓶塞与瓶口间加上纸条
滴定管	容量(mL):25、50、100;量出式;A级、A_2级、B级;无色、棕色;酸式、碱式	滴定	不能漏液;不能加热;不能长期存放碱液;碱式滴定管不能盛氧化性物质溶液
微量滴定管	容量(mL):1、2、5、10;量出式;座式;A级、A_2级、B级(无碱式)	微量或半微量滴定	同滴定管使用注意事项
自动滴定管	容量(mL):10、25、50;量出式;A级、A_2级、B级;三路阀、侧边阀、侧边三路阀	自动滴定	同滴定管使用注意事项
移液管(大肚移液管)	容量(mL):1、2、5、10、15、20、25、50、100;量出式;A级、B级	准确移取一定体积溶液	不可加热,不可磕破管尖及上口

续表

名　称	主要规格	主要用途	使用注意事项
吸量管(直管吸管)	容量(mL):0.1、0.2、0.5、1、2、5、10、25、50;A级、A_2级、B级;完全流出式、吹出式、不完全流出式	准确移取各种不同体积的溶液	同移液管使用注意事项
称量瓶	高形 容量(mL)10、20、25、40、60;外径(mm)25、30、30、35、40;瓶高(mm)40、50、60、70、70 低形 容量(mL)5、10、15、30、45、80;外径(mm)25、35、40、50、60、70;瓶高(mm)25、25、25、30、30、35	高形用于称量试样、基准物;低形用于在烘箱中干燥试样、基准物	磨口塞应配套;不可盖紧塞烘烤
细口瓶、广口瓶、下口瓶	容量(mL):125、250、500、1000、2000、3000、10000、20000;无色、棕色	细口瓶、下口瓶用于存放液体试剂;广口瓶用于存放固体试剂	不可加热;不可在瓶内配制热效应大的溶液;磨口塞应配套;存放碱液瓶应用胶塞
滴瓶	容量(mL):30、60、125;无色、棕色	存放需滴加的试剂	同细口瓶使用注意事项
漏斗	上口直径(mm):45、55、60、70、80、100、120;短颈、长颈、直渠、弯渠	过滤沉淀;作加液器	不可直火烘烤
分液漏斗	容量(mL):50、100、250、500、1000、2000;球形、锥形、筒形无刻度、具刻度	两相液体分离;萃取富集;制备反应中的加液器	不可加热;不能漏水;磨口塞应配套
试管	容量(mL):10、15、20、25、50、100;无刻度、具刻度、具支管	少量试剂的反应容器;具支管试管可用于少量液体的蒸馏	所盛溶液一般不超过试管容积的1/3;硬质试管可直火加热,加热时管口勿对人
离心试管	容量(mL):5、10、15、20、25、50;无刻度、具刻度、具支管	定性鉴定;离心分离	不可直火加热
比色管	容量(mL):10、25、50、100;具塞、不具塞、带刻度、不带刻度	比色分析	不可直火加热;管塞应密合;不能用去污粉刷洗

续表

名 称	主要规格	主要用途	使用注意事项
干燥管	球形 有效长度(mm):100、150、200 U形 高度(mm):100、150、200;U形带阀及支管	气体干燥;除去混合气体中某些气体	干燥剂或吸收剂必须有效
干燥塔	干燥剂容量(mL):250、500	动态气体的干燥与吸收	同干燥管使用注意事项
冷凝器	外套管有效冷凝长度(mm):200、300、400、500、600、800;直形、球形、蛇形、蛇形逆流、直形回流、空气冷凝器	将蒸气冷凝为液体	不可骤冷、骤热;直形、蛇行冷凝器要下口进水,上口出水
抽气管	伽式、艾氏、孟式、改良式	装在水龙头上,抽滤时作真空泵	用厚胶管接在水龙头上并拴牢;除改良式外,使用时应接安全瓶,停止抽气时,先开启安全瓶阀
抽滤瓶	容量(mL):50、100、250、500、1000	抽滤时承接滤液	不可加热,选配合适的抽滤垫;抽滤时漏斗管尖远离抽气嘴
表面皿	直径(mm)45、65、70、80、100、125、150	可作烧杯和漏斗盖;称量、鉴定器皿	不可以直火加热
研钵	直径(mm):70、90、105	研磨固体物质	不能撞击、烘烤;不能研磨与玻璃作用的物质
干燥器	上口直径(mm):160、210、240、300;无色、棕色	保持物质的干燥状态	磨口部分涂适量凡士林;干燥剂应有效;不可放入红热物体,放入热物体后要时时开盖,以放走热空气
砂芯滤器	容量(mL): 坩埚:10、20、30 漏斗:10、20、30、60、100、250、500、1000 微孔平均直径(μm) G_1:20~30 G_2:10~15 G_3:4.9~9 G_4:3~4	过滤	必须抽滤;不能骤冷骤热;不可过滤氢氟酸、碱液等;用毕及时洗净

二、非玻璃器皿

（1）瓷器皿　瓷器皿具有耐高温，力学性能好等一系列优点，应用也较为广泛。尤其是涂釉的瓷器皿，吸水性低，易恒重，多用于称量分析。瓷器皿的主成分是硅酸盐，所以不能盛装氟化氢，也不适用于熔融分解碱金属的碳酸盐、氢氧化物、过氧化物及焦硫酸盐等。常用的瓷器皿包括瓷坩埚、蒸发皿、瓷管、瓷舟、布氏漏斗、瓷研钵、点滴板等。

（2）玛瑙器皿　玛瑙硬度较大，性质稳定，与大多数试剂都不起作用。最常使用的玛瑙器皿为研钵。玛瑙研钵可用于各种高纯物质的研磨。但是玛瑙不能受热，也不能用力敲击，更不能接触氢氟酸，大块试样应事先粉碎，再放入玛瑙研钵中研细，硬度极大的物质也不适用。

（3）石墨器皿　石墨质地密、透气性小、导电性好、耐急冷急热，更主要的特点是极耐高温（2500℃以上）、耐腐蚀，常温下，不与各种酸、碱作用（高氯酸除外）。但是石墨耐氧化性较差，温度越高，氧化速度越快。常用的石墨器皿有石墨坩埚和石墨电极。

（4）塑料器皿　塑料具有绝缘、耐化学腐蚀、强度较好，不易传热，耐撞击等特点，在实验室中可作为金属、木材、玻璃等的代用品。其中热塑性塑料中聚乙烯较为常用，有取样袋（可代替橡胶球胆采集气体试样）、提桶（可存放纯水、取水样）、烧杯、漏斗（处理含氢氟酸的试样）、细口瓶（可贮存强碱、碱金属盐溶液、氢氟酸溶液）或洗瓶等。

三、金属器皿

1. 铂器皿

铂的熔点高达1774℃，耐1200℃的高温，化学性质稳定，在空气中灼烧不发生化学变化。能耐大多数化学试剂的侵蚀（包括氢氟酸）。常见的铂器皿有铂坩埚、铂蒸发皿、铂舟、铂丝、铂电极、铂铑热电偶等。

铂器皿质地柔软，不能用力夹取，也不能用玻璃棒或其他硬物刮剥铂器皿内附着物；由于铂在高温下易与碳素形成脆性碳化铂，故铂器皿只能在高温炉或煤气灯的氧化焰中加热或灼烧，不能在含有碳粒和碳氢化合物的还原焰中灼烧；还原性金属、非金属及其化合物高温下能与铂形成低熔点的合金；碱金属及钡的氧化物、氢氧化物、硝酸盐、亚硝酸盐、氰化物等在高温下对铂有强腐蚀性；含碳的硅酸盐、磷、砷、硫及其化合物在高温下与铂形成脆性碳化物、磷化物或硫化物；卤素及可能产生卤素的溶液对铂有侵蚀作用；成分位置或性质不明的物质不能在铂器皿中处理。

铂坩埚可用于碳酸钠、焦硫酸钾熔融、氢氟酸处理、有机分析试样灼烧等操作。灼烧时，应将铂坩埚放在铂三角或洁净的石英三角、泥三角上，也可在垫有石棉板的电炉、电热板上加热。

2. 镍坩埚

镍的熔点为 1455℃，一般在 700℃ 左右使用，不能超过 900℃。但是由于镍在空气中易被氧化而形成氧化膜，故不能用于灼烧恒重。

镍坩埚常用于 NaOH、KOH、Na_2O_2、Na_2CO_3、$NaHCO_3$ 熔融法分解样品。但是硫酸氢钠、硫酸氢钾、焦硫酸钠、焦硫酸钾、硼砂、碱性硫化物及铝、锌、锡、铅、钒、银、汞等金属盐，不能用镍坩埚熔融。

3. 银坩埚

银的熔点 960℃，使用温度通常不超过 700℃，所以不能在直火上灼烧，只能在高温炉中使用；在空气中加热时，银表面易形成一层氧化银薄膜，使其质量发生变化，所以银坩埚不适于在称量分析中灼烧恒重；银坩埚也不能熔融分解或灼烧含硫物质，因为银易与硫生成硫化银沉淀；铝、锌、锡、铅、汞的金属盐和硼砂均不可以在银坩埚中熔融和灼烧，因为它们在熔融状态下会使银变脆；不能用酸浸取银坩埚的内熔物，特别是不能接触浓酸，如硫酸、硝酸等。

第六节　定量分析玻璃器皿的洗涤

化学分析实验中要用到多种玻璃仪器，这些仪器洁净与否会直接影响分析检验结果的准确度，不同的实验对玻璃仪器的洁净程度要求也不同，洗涤方法也不一样，一般容器或粗量器，可以用毛刷蘸上肥皂水刷洗；但要注意不宜使用毛刷刷洗的仪器和难以刷洗干净的仪器必须采用洗涤剂洗涤。

一、洗涤剂的种类、配制和使用

（1）铬酸洗液　用于洗涤除去仪器上的残留油污及有机物。洗涤时先将仪器内的水控净后，用洗液浸泡刷洗，洗涤后洗液回收可重复使用，切不可随意乱倒。配制方法：20g $K_2Cr_2O_7$ 溶于 40mL 热水，冷却后在搅拌下缓缓加入 320mL 浓硫酸，置于具塞试剂瓶中保存备用。

（2）碱性乙醇洗涤液　主要用于沾污的油污及某些有机物的洗涤。配制方法：120g NaOH 溶于 120mL 水中，用 95%乙醇稀释至 1L。

（3）盐酸-乙醇洗液　适用于洗涤金属离子的沾污，是还原性强酸洗液。配制方法：盐酸与乙醇按体积比 1＋1 混合而成。

（4）硝酸-乙醇溶液　适用于一般方法难以除去的有机物及残炭沾染的仪器洗涤。洗涤时先将 2mL 乙醇加入容器中，再加 10mL 的浓硝酸，置于通风橱中，激烈反应会生成 NO_2，用水冲洗。该法须注意临使用时再将乙醇和硝酸混合，不能事先配制。

（5）纯酸洗液　用于清洗碱性物质沾污或无机物沾污。常用盐酸（1＋1）、硫酸（1＋1）、硝酸（1＋1）或等体积的浓硝酸-浓硫酸等。

（6）草酸洗液　一般用于洗涤 MnO_2 的沾污。配制方法：将 5～10g 草酸溶于 100mL 水中，再加少量浓盐酸。

（7）有机溶剂　用于洗涤无法用毛刷刷洗的小型或特殊器皿中

的油污及可溶有机物。例如丙酮、苯、乙醚、二氯乙烷等。

（8）合成洗涤剂　较大的器皿沾有大量有机物时，可以先用废纸擦净，然后尽量采用碱性洗涤液或合成洗涤剂（洗衣粉）洗涤。

二、常见玻璃仪器的洗涤方法

1. 常规玻璃仪器的洗涤

首先用自来水冲洗 1～2 遍，然后根据玻璃仪器的特点选择合适的洗涤方法。对于锥形瓶、烧杯、量筒等广口器皿，可用毛刷蘸肥皂水或合成洗涤剂刷洗；但对于滴定管、移液管、容量瓶等准确量器，洗涤时不能用刷子刷洗，以免容器内壁受机械磨损，而要使用铬酸洗液浸泡洗涤。选择洗涤液时除要根据仪器的特点外，还要根据沾污的程度、性质等。再用自来水冲洗 3～5 次，最后再用蒸馏水淋洗 3 次。带有磨口塞的器皿，在洗涤时不要搞混。

2. 成套性组合专用玻璃仪器

首先要洗净每个部件，使用前再将整个装置用热蒸汽处理 5min，以除去空气。

3. 特殊玻璃仪器

（1）比色皿　一般用盐酸-乙醇洗液洗去有机物的沾污。必要时用硝酸浸洗，但要避免用强氧化性洗液浸泡。

（2）砂芯玻璃滤器　使用前用热的盐酸（1+1）浸煮除去砂芯孔隙间颗粒物，再依次用自来水、蒸馏水抽洗干净。使用后再根据抽滤沉淀性质的不同，选用不同洗液浸泡干净。

（3）痕量分析用玻璃仪器　一般用的玻璃仪器要在盐酸（1+1）或硝酸（1+1）中浸泡 24h，而新的仪器要浸泡一周左右，还要在稀 NaOH 中浸泡一周，最后再用自来水、蒸馏水依次洗涤。

（4）有机物分析用玻璃仪器　一般先用铬酸洗液浸泡，再用自来水、蒸馏水依次冲洗，最后用重蒸的丙酮、氯仿洗涤数次，此外还要考虑实验对仪器干燥的要求。

实验一　定量化学分析仪器的清点、验收和洗涤

一、实验目的

1. 学习定量分析玻璃仪器的验收。

2. 学习分析化学实验用水的知识。

3. 练习定量分析的洗涤技术。

二、实验步骤

1. 定量分析常用仪器的验收。

参照附录六“定量分析实验仪器清单”验收仪器，发现短缺或破损及时退换。

2. 熟悉实验室纯水的制备过程，了解自来水、蒸馏水、去离子水的区别和正确使用方法。

3. 玻璃仪器的洗涤，按照本章第六节定量分析玻璃器皿的洗涤要求清洗本组玻璃仪器。

第二章　分析化学仪器与基本操作

第一节　分析天平及称量操作

一、分析天平的类别及构造

1．分析天平的种类

天平是化学实验不可缺少的重要的称量仪器，种类繁多，按使用范围大体上可分为工业天平、分析天平和专用天平三类。按结构特点可分为等臂双盘阻尼天平、机械加码天平、半自动机械加码电光天平、全自动机械加码电光天平、单臂天平和电子天平。按精密度可分为精密天平和普通天平。目前国内分析天平的型号与规格见表 2-1。

表 2-1　国产天平的型号与规格

<table>
<tr><th colspan="2">分析天平名称</th><th>型　号</th><th>最大载荷/g</th><th>分度值/mg</th></tr>
<tr><td rowspan="3">双盘天平</td><td>阻尼式分析天平</td><td>TG-528B</td><td>200</td><td>0.4</td></tr>
<tr><td>半自动电光天平(部分机械加码电光天平)</td><td>TG-328B</td><td>200</td><td>0.1</td></tr>
<tr><td>全自动电光天平(全机械加码电光天平)</td><td>TG-328A</td><td>200</td><td>0.1</td></tr>
<tr><td>单盘天平</td><td>单盘电光天平</td><td>TG729B</td><td>100</td><td>0.1</td></tr>
<tr><td colspan="2">微量天平</td><td>TG-332A</td><td>20</td><td>0.01</td></tr>
</table>

按照天平分度值与最大载荷之比来分其精度级别，可把天平分为 10 级，见表 2-2。

常用三类天平见图 2-1。

表 2-2　天平精度分级表

精度级别	1	2	3	4	5
分度值/最大载荷	1×10^{-7}	2×10^{-7}	5×10^{-7}	1×10^{-6}	2×10^{-7}
精度级别	6	7	8	9	10
分度值/最大载荷	5×10^{-6}	1×10^{-5}	2×10^{-7}	5×10^{-5}	1×10^{-4}

(a) 半机械加码天平

(b) 全机械加码天平

(c) 电子天平

图 2-1　常用的三类天平

2. 分析天平的构造

各类天平结构各异，但其基本原理是一样的，都是根据杠杆原理制成的。图 2-2 以目前使用比较普遍的半自动机械加码电光天平（TG-328B）为例说明其结构和使用方法。

（1）天平梁　天平梁是天平的主要部件，一般常用材质坚固、膨胀系数小的铝铜合金制成，梁上左、中、右各装有一个玛瑙刀口和玛瑙平板。装在梁中央的玛瑙刀刀口向下，支承于玛瑙平板上，用于支撑天平梁，又称支

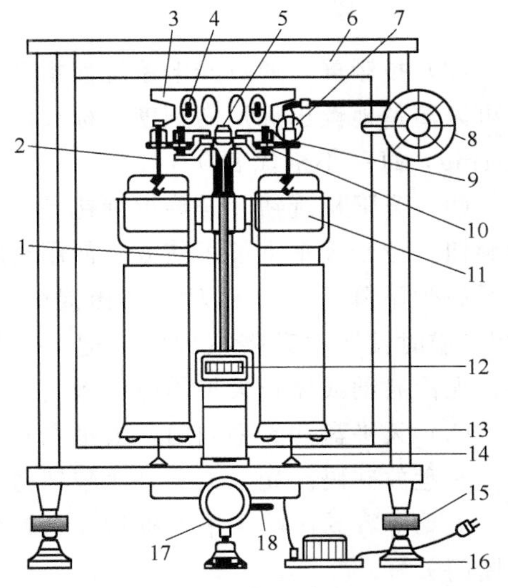

图 2-2　半自动电光天平（TG-328B）

1—指针；2—吊耳；3—天平梁；4—调零螺丝；5—感量螺丝；6—前面门；7—圈码；8—刻度盘；9—支柱；10—托梁架；11—阻力盒；12—光屏；13—天平盘；14—盘托；15—垫脚螺丝；16—垫脚；17—升降枢旋钮；18—光屏移动拉杆

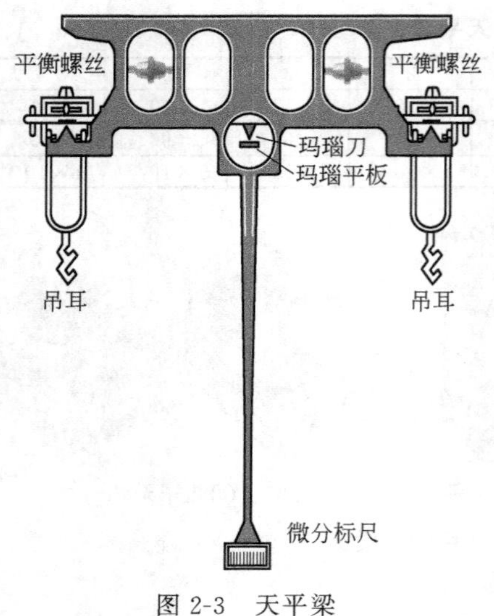

图 2-3　天平梁

点刀。装在梁两边的玛瑙刀刀口向上，与吊耳上的玛瑙平板相接触，用来悬挂托盘。玛瑙刀口是天平很重要的部件，刀口的好坏直接影响到称量的精确程度。玛瑙硬度大但脆性也大，易因碰撞而损坏，故使用时应特别注意保护玛瑙刀口。见图 2-3。

（2）指针　固定在天平梁的中央，指针随天平梁摆动而摆动，从投影屏上可读出指针的位置。

（3）投影屏　通过光电系统使指针下端的标尺放大后，在光屏上可以清楚地读出标尺的刻度。标尺的刻度代表质量，每一大格代表 1mg，每一小格代表 0.1mg。

（4）升降枢旋钮　升降枢旋钮是控制天平工作状态和休止状态的旋钮，位于天平下部正前方。使用时顺时针转动升降枢旋钮，天平梁微微下降，刀口和刀承互相接触，天平开始摆动，称为“启动”。逆时针转动升降枢旋钮，把天平梁托起，称为“休止”。注意，无论启动或休止天平均应缓慢转动升降枢旋钮，以保护天平。

（5）天平盘和天平橱门　天平左右有两个托盘，左盘放称量物体，右盘放砝码。光电天平是比较精密的仪器，外界条件的变化如空气流动等容易影响天平的称量，为减少这些影响，称量时一定要把橱门关好。

（6）砝码与圈码　天平有砝码和圈码。砝码装在盒内，最大质量为 100g，最小质量为 1g。在 1g 以下的是用金属丝做成的圈码（也称为环码），安放在天平的右上角，加减的方法是用机械加码旋钮来控制，用它可以加 10～990mg 的质量。10mg 以下的质量可直接在光屏上读出。注意：全机械加码的电光天平其加码装置在右侧，所有加码操作均通过旋转加码转盘实现，如图 2-4 所示。

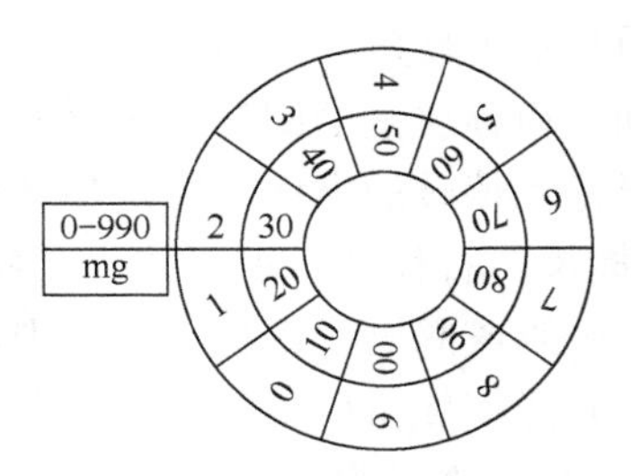

图 2-4　全机械加码装置

（7）空气阻尼器　空气阻尼器由铝材制成的圆筒形套盒组成，大的外筒固定在天平支柱的托架上，小的内筒则挂在吊耳的挂钩上。两个圆筒间有一定缝隙。缝隙要保持均匀，不发生摩擦。当天平摆动时内筒能上下自由浮动。借空气的阻力，可使天平停止摆动，而较快达到平衡，便于观察指针读数。

二、天平的操作使用

1. 称前检查

取下天平罩，叠好置于适当位置，检查砝码盒中砝码是否齐全，夹砝码的镊子是否在盒内，圈码是否完好并正确挂在圈码钩上，读数盘的读数是否在零位；检查天平是否处于休止状态，天平梁和吊耳的位置是否正常；检查天平是否处于水平位置，若不水平，可调节天平前部下方支脚底座上的两个水平调节螺丝，使水泡水准器中的水泡位于正中；天平盘上如有灰尘或其他落入物体，应该用软毛刷清扫干净。

2. 零点调节

接通电源，缓缓开启升降枢旋钮，当天平指针静止后，观察投影屏上的刻度线是否与投影屏标尺上的 0.00mg 刻度重合。如不重合，可调节升降枢旋钮下面的调屏拉杆，移动投影屏位置，使之重合，即调好零点。如已将调屏拉杆调到尽头仍不能重合，则需关闭天平，调节天平梁上的平衡螺丝（初学者应在老师的指导下进行）。

3. 称量

打开左侧橱门，将待称量物先在台秤上粗称，然后将被称量物放在左盘中央，关闭左侧橱门；打开右侧橱门，在右盘上按粗称的质量加上砝码，关闭右侧橱门，再分别旋转圈码转盘外圈和内圈，加上粗称质量的圈码。缓慢开启天平升降枢旋钮，根据指针或投影屏标尺偏转的方向，决定加减砝码或圈码。注意，如指针向左偏转（标尺向右移动）表明砝码比物体重，应立即关闭升降枢旋钮，减少砝码或圈码后再称，反之则应增加砝码或圈码，反复调整直至开启升降枢旋钮后，投影屏上的刻度线与标尺上的刻度线在0.00～10.0mg之间为止。

4. 读数

当标尺稳定后即可读数，若刻度线在两小格之间，则按四舍五入的原则取舍，不要估读。读取读数后应立即关闭升降枢旋钮，不能长时间让天平处于工作状态，以保护玛瑙刀口，保证天平的灵敏性和稳定性。称量结果应立即如实记录在记录本上，不可记在手上、碎纸片上。

天平的读数方法：砝码＋圈码＋微分标尺，即小数点前读砝码，小数点后第一、二位读圈码（转盘前二位），小数点后第三、四位读投影标尺。

5. 复原

称量完毕，取出被称量物，砝码放回到砝码盒里，圈码指数盘回复到0.00位置，拔下电源插头，罩好天平布罩，填写天平使用登记本，签名后方可离开。

三、天平的称量方法

天平的称量方法可分为直接称量法（简称直接法）和递减称量法（简称减量法）。

1. 直接称量法

用于称取不易吸水、在空气中性质稳定的物质，如金属或合金试样。称量时先称出称量纸（硫酸纸）的质量（W_1），加试样后再称出称量纸与试样的总质量（W_2）。计算出的试样质量＝W_2-W_1。

2. 减量法称量

又称为差减法称量。此法用于称取粉末状或容易吸水、氧化、与二氧化碳反应的物质。称量过程中要用称量瓶，在使用前须对称量瓶进行清洗、干燥。洁净的称量瓶（盖）不能用手直接接触，而要用干净的纸条套在称量瓶上夹取。称量时，先将试样装入称量瓶中，在台秤上粗称之后，放入天平中称出称量瓶与试样的总质量（W_1），用纸条夹住取出称量瓶后，按图示方法（图 2-5）小心倾出部分试样后再称出称量瓶和余下的试样的总质量（W_2），计算出的试样质量$=W_1-W_2$。

图 2-5　减量法称量

减量法称量时，应注意不要让试样撒落到容器外，当试样量接近要求时，将称量瓶缓慢竖起，用瓶盖轻敲瓶口，使粘在瓶口的试样落入称量瓶或容器中。盖好瓶盖，再次称量，直到倾出的试样量符合要求为止。初学者常常掌握不好量的多少，倾出超过要求的试样量，为此，可少量多次，逐渐掌握和建立起量的概念。注意：在每次旋动指数盘和取放称量瓶时，一定要先关好旋钮，使天平横梁托起。

四、分析天平的使用规则

① 称量前应检查天平是否正常，是否处于水平位置，吊耳、圈码是否脱落，玻璃框内外是否清洁。

② 应从左右两门取放称量物和砝码。称量物不能超过天平负载（200g），不能称量热的物体。有腐蚀性或吸湿性物体必须放在密闭容器中称量。

③ 开启升降枢旋钮（开关旋钮）时，应做到“轻、缓、慢”，以免损坏机械加码装置或使圈码掉落。每次加减砝码、圈码或取放称量物时，一定要先关升降枢旋钮（关闭天平），加完后，再开启该旋钮（开启天平）。读数时，一定要将升降枢旋钮开关顺时针旋转到底，使天平完全开启。同一化学试验中的所有称量，应自始至

终使用同一架天平，使用不同天平会造成误差。

④ 每架天平都配有固定的砝码，不能错用其他天平的砝码。保持砝码清洁干燥。砝码只许用镊子夹取，绝不能用手拿，用完放回砝码盒内。加减砝码的原则是“由大到小，减半加码”。不可超过天平所允许的最大载重量（200g）。转动圈码读数时动作要轻而缓慢，以免圈码掉落。

⑤ 不能在天平上称量热的或具有腐蚀性的物品。不能在金属托盘上直接称量药品。

⑥ 称量完毕，应检查天平梁是否托起，砝码是否已复位，指数盘是否转到“0”，电源是否切断，边门是否关好。最后罩好天平，填写使用记录。

⑦ 不得任意移动天平位置。如发现天平有不正常情况或操作中出现故障，要及时报告指导老师。

五、分析天平的计量性能

1. 示值变动性的测定

示值变动性是指在不改变天平状态的情况下，多次开启天平其平衡位置的再现性，表示称量结果的可靠程度。其值越小，可靠性越高。

在天平空载的情况下，多次开启天平，记下每次开启天平稳定后平衡点的读数，反复四次，其最大值和最小值的差值即为该台天平的空载示值变动性。

在天平的左、右盘上各加 20g 砝码，再测出天平的平衡点，如此反复测定四次，并计算出天平变动性的大小。

2. 灵敏度的测定

天平的灵敏度指每增加 1mg 砝码时引起的天平零点与停点之间所偏移的小格数，天平越灵敏偏移的格数越多。灵敏度常用感量表示，感量是指指针偏移一格时所需的质量。

$$天平空载灵敏度=\frac{停点-零点}{10mg}(小格/mg)$$

$$感量=\frac{1}{灵敏度}(mg/小格)$$

（1）空载灵敏度　轻轻旋开旋钮以放下天平横梁，记下天平零点后，关上旋钮托起天平横梁。用镊子夹取 10mg 圈码，置于天平左盘的正中央。重新旋开旋钮，待指针稳定后，读取平衡点读数，关上旋钮，由平衡点和零点之差算出空盘灵敏度（小格/mg）及感量（mg/小格）。

（2）载重灵敏度　天平左右两盘各载重 20g，用同样的操作测定载重时的灵敏度。天平的灵敏度是天平灵敏性的一种度量，指针移动的距离愈大，天平的灵敏度愈高。天平载重时，梁的重心将略向下移，故载重后的天平灵敏度有所下降。天平的灵敏度太高和太低都不好，其大小可通过天平背后上部的灵敏度调节螺丝（又称感量调节螺丝）进行调节。

一般要求天平的灵敏度在 98～102 小格/10mg 范围内。若低于 98 小格/10mg，应将灵敏度调节螺丝向上调，以升高天平梁重心，增加其灵敏度，若高于 102 小格/10mg，应将灵敏度调节螺丝向下调，以降低天平梁重心，降低其灵敏度。

3．稳定性

天平的稳定性是指天平在空载或载荷时的平衡状态被扰动后，自动回复到初始平衡位置的能力。一般天平梁的重心越低越稳定，但是天平梁重心过低又降低了灵敏度。所以在使用时要掌握以下原则：在保证天平具有一定灵敏度的同时，还要尽可能保证天平的稳定。灵敏度和稳定性是相互矛盾的两种性质，必须兼顾。

4．正确性

天平的正确性是对等臂天平而言。由于天平的两臂不等长而产生误差，称为不等臂误差，即偏差。偏差可用以下方法检查：首先调好零点，然后在天平两盘上放置相等质量的砝码，开启升降枢旋钮，记读数为 p_1。再将砝码左右对换，记读数为 p_2，则

$$偏差=\frac{|p_1+p_2|}{2}$$

分析天平的偏差一般要求小于0.4mg。在实际工作中，由于使用同一台天平进行多次称量，所以这种偏差可以相互抵消。

影响天平正确性的主要因素是温度，它会造成天平两臂长度的变化。因此天平梁选用的材质和保持环境温度稳定是非常重要的。

实验二　分析天平的称量练习

一、实验目的

1. 熟悉天平的结构、使用和维护方法。
2. 学会正确进行分析天平的直接法和减量法称量。

二、实验仪器和试剂

半自动电光天平、托盘天平、表面皿、称量瓶、小烧杯、牛角勺。固体试剂（碳酸钠或氯化钠）。

三、实验步骤

1. 直接称样法　按分析天平称量操作程序，准确称出表面皿的质量和一个洁净、干燥的称量瓶的质量。

2. 减量法称量　在上述称量瓶中倒入固体试样约至称量瓶的1/3～1/2左右，先在托盘天平上粗称，再在分析天平上准确称其质量，记为W_0g。然后按照减量法操作，移取试样0.2～0.3g于烧杯中，再准确称出称量瓶和剩余试样的质量，记为W_2g。计算称出的试样质量。重复称量第二次、第三次。

3. 称量完毕，检查天平零点。

四、实验数据记录与结果处理

1. 直接称量法

表面皿的质量：__________g

称量瓶的质量：__________g

2. 减量法称量

试样序号	1	2	3
倾样前称量瓶＋试样质量/g			
倾样后称量瓶＋试样质量/g			
称出的试样质量/g			

五、思考题

1. 在托盘天平上粗称的意义是什么？
2. 称量时，砝码和物体为什么都要放在托盘的中央？
3. 减量法适合于称取什么特点的样品？
4. 称量数据应记录几位？

实验三　分析天平主要性能的检定

一、实验目的

1. 掌握电光分析天平的构造，熟悉各部件的名称和用途。
2. 掌握天平零点及灵敏度的测定。
3. 了解所使用的分析天平的使用方法、主要性能及检定方法。

二、实验仪器

电光分析天平；
配套砝码；
10mg 环码（已校准）；
20g 等值砝码两个。

三、实验步骤

1. 熟悉天平构造

① 按照分析天平的构造，观察、了解、熟悉天平各部件的名称、结构及性能。

② 检查天平梁、称盘、吊耳的位置，天平是否水平、机械加码装置及环码是否完好。

③ 打开砝码盒，了解砝码组合情况及摆放位置。熟悉砝码的组合情况与位置，练习机械加码装置的使用方法。

2. 天平零点的测定

接通电源，缓慢开启升降枢旋钮，投影屏上应出现微分标尺的投影，指针稳定后，投影屏上的标线读数就是天平的零点。当读数不为“0”时，可以扳动升降枢旋钮下面的调零拨杆，移动投影屏的位置使投影屏的标线与标尺的“0”刻度重合。若零点读数与“0”刻度相差过大，则应调节平衡螺丝，使之接近“0”刻度时，再扳动调零拨杆。注意，必须在休止天平时调节平衡螺丝。

零点调好后，休止天平。连续再测定两次。

3. 天平灵敏度的测定

测定零点后，在天平的左盘上放一个已校准的10mg环码，开启天平，观察平衡点。测定两次。若微分标尺在100±1格范围内则符合要求。计算天平的空载灵敏度和空载感量。

4. 天平示值变动性的测定

连续测定空载天平零点两次。左、右盘各载荷100g砝码后，连续测定平衡点2～3次。然后取下砝码，再测定零点两次。四次数据中最大值和最小值之差即为示值变动性。

5. 天平不等臂性偏差的测定

测定零点后，在两盘上分别放一个20g砝码，测定平衡点 p_1。将两个砝码交换位置，再测定平衡点 p_2。计算天平的偏差$\frac{|p_1+p_2|}{2}$。

四、实验记录

灵敏度测定

载　荷	零点(或平衡点)	加10mg后平衡点	灵敏度/(格/mg)	感量/(mg/格)
0				
20				

变动性测定

次　数	空载零点	载荷后、空载零点	变动性/分度
1			
2			

偏差测定

次　数	p_1	p_2	偏差/分度
1			
2			

五、思考题

1. 分析天平的水平和零点如何调整?

2. 在分析天平上取放物体或加减砝码、环码时，为什么必须先休止天平?

3. 天平的灵敏度与哪些因素有关? 如何提高天平的灵敏度?

4. 半自动电光天平主要计量性能指标是什么? 根据检定结果，评价该天平的质量。

第二节　滴定分析常用仪器及操作

滴定分析需要准确测量某些溶液的体积，而测量体积准确与否，则取决于两个因素，即仪器本身容积的准确性和容量仪器的正确使用方法。滴定分析所使用的玻璃仪器，能够准确测量的有滴定管、容量瓶、移液管和吸量管。它们都是能够准确测量溶液体积的器皿。滴定管、移液管和吸量管为“量出”式，用来测定放出溶液的体积，标记为“Ex”；容量瓶为“量入”式，用来测定注入溶液的体积，标记为“In”。

一、滴定管

滴定管（见图 2-6）是滴定操作时准确测量标准溶液体积的一

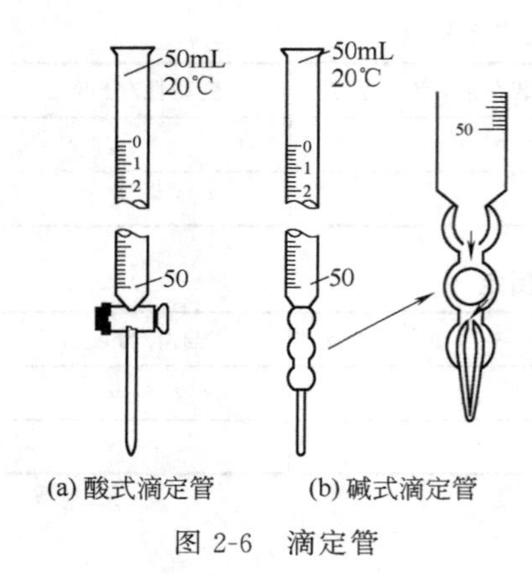

图 2-6　滴定管

种量器。滴定管的管壁上有刻度线和数值，最小刻度为 0.1mL，“0”刻度在上，自上而下数值由小到大。滴定管分酸式滴定管和碱式滴定管两种。酸式滴定管下端有玻璃旋塞，用以控制溶液的流出。酸式滴定管只能用来盛装酸性溶液或氧化性溶液，不能盛碱性溶液，因碱与玻璃作用会使磨口旋塞粘连而不能转动。碱式滴定管下端连有一段橡胶管，管内有玻璃珠，用以控制液体的流出，橡胶管下端连一尖嘴玻璃管。凡能与橡胶起作用的溶液如高锰酸钾溶液，均不能使用碱式滴定管。

1. 酸式滴定管的操作

（1）洗涤　滴定管没有明显油污时，可用肥皂水或合成洗涤剂冲洗。若较脏且不易洗净，可用铬酸洗液浸泡洗涤，每次倒入10～15mL 洗液于滴定管中，一手拿住活塞，另一手拿住滴定管上端，边转动边向管口倾斜，使洗液布满全管。洗净后将一部分洗液从管口放回原试剂瓶中，然后直立滴定管，打开旋塞，将剩余洗液从管口排出至原试剂瓶中。再用自来水冲洗滴定管，然后用蒸馏水冲洗几次。若污染严重，可倒入温热洗液浸泡一段时间或选用其他洗液进行清洗。

（2）给旋塞涂凡士林　把旋塞芯取出，用手指蘸少许凡士林，在旋塞芯的两侧薄薄地涂上一层（切忌涂得过多，以免堵塞），然后把旋塞芯插入塞槽内，旋转使油膜在旋塞内均匀透明，且旋塞转动灵活。若凡士林堵塞小孔，可用极细的铜丝轻轻将其捅出。若仍不能除尽，则用热洗液或有机溶剂浸泡一段时间。

（3）试漏　将旋塞关闭，滴定管里注入水至刻度线以上，调节旋塞使水充满出口尖嘴，液面达到“0”刻度。把它固定在滴定管架上，放置1～2min，观察滴定管中液面及旋塞两端是否有水渗出。再将旋塞转动180°，再静置2min后观察，若两次旋塞均不渗水，且旋塞转动灵活，才可使用。若漏水，应重新涂抹凡士林。

（4）装溶液和排气泡　装溶液时左手持滴定管上部无刻度处，可稍微倾斜，右手持试剂瓶向滴定管中倒入溶液，润洗三次，以除去管内残存的水分。第一次10mL，握好旋塞，两手平端滴定管，缓慢转动使溶液流遍全管内壁，然后打开旋塞冲洗管口，大部分溶液可由上口放出；第二、三次各5mL左右，同前操作，但洗液都由下口放出。最后旋好旋塞，装入溶液。滴定管内装入标准溶液后要检查尖嘴内是否有气泡。如有气泡，将影响溶液体积的准确测量。排除气泡的方法是：用右手拿住滴定管无刻度部分使其倾斜约30°，左手迅速打开旋塞，使溶液快速冲出，将气泡带走。若气泡未排尽，可在放出溶液的同时，抖动滴定管或在管尖接一段乳胶管，将胶管向上弯曲，排出气泡。调整液面至“0”刻度备用。

（5）滴定操作　先将滴定管夹在滴定管架上。左手控制旋塞，大拇指在管前，食指和中指在后，三指轻拿旋塞柄，向内扣住旋塞。无名指和小指略微弯曲，轻轻抵住尖嘴，避免将旋塞拉出。然后向里旋转旋塞使溶液滴出。

2. 碱式滴定管的操作

（1）洗涤　洗涤方法同酸式滴定管。但需要用洗液洗涤时，洗液不能直接接触胶管。将碱管夹在滴定管架上，管口插入盛装洗液的烧杯中，用吸球反复吸取洗液进行洗涤。然后用自来水和蒸馏水将滴定管洗净。

（2）试漏　将碱管装满水后夹在滴定管架上静置1～2min。若漏水应更换橡皮管或管内玻璃珠，直至不漏水且能灵活控制液滴为止。

（3）排气泡　滴定管内装入标准溶液后，也要将尖嘴内的气泡排出。方法是：把橡皮管向上弯曲，出口上斜，挤捏玻璃珠，使溶液从尖嘴快速喷出，气泡即可随之排掉。将胶管放直后松开捏挤的手指，以免出口管再出现气泡。调节液面至“0”刻度，备用。

(4) 滴定操作　用左手的无名指和小指夹住出口管，拇指和食指捏住玻璃珠靠上部位，向手心方向捏挤橡皮管，使其与玻璃珠之间形成一条缝隙，溶液即可流出。

读取滴定管内液体的体积，并记录。读取滴定管内液体的体积的方法与读取量筒内液体体积的方法相似。使眼睛与液面保持平行，读取与液面凹面相切处的数据（见图 2-7）。滴定管读数不准确是滴定分析误差的主要来源之一。读数时须注意以下几点。

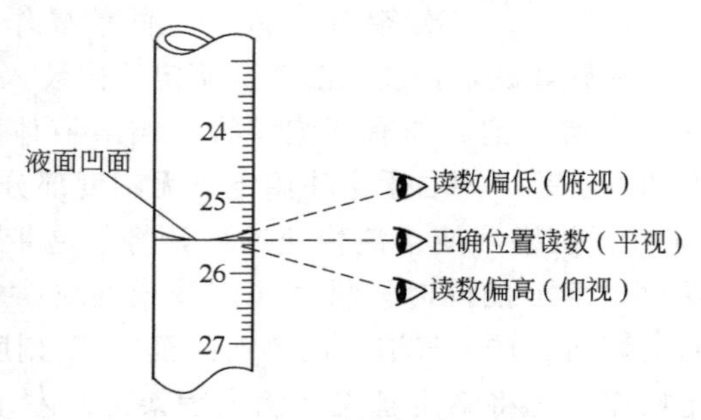

图 2-7　滴定管读数

① 注入溶液或放出溶液后，必须等 1～2min，待附着在内壁上的溶液流下后，再读数。

② 将滴定管从滴定管架上取下，用右手的拇指和食指掐住滴定管上部无刻度处，使滴定管保持自然垂直状态，然后读数。

③ 读数要求读到小数点后第二位，即估计到 0.01mL，数据应立刻写在记录本上。

④ 对于无色或浅色溶液读数时，应读取与弯月面相切的刻度。读数时，眼睛必须与弧形液面处于同一水平面上，否则会引起读数误差；对于有色溶液，如 $KMnO_4$ 溶液应读取液面的最上缘（眼睛位置应调至与液面最高点处同一水平）。溶液在滴定管内形成的弯月面，由于光的漫反射常有模糊的虚影，且随光照条件的变化，虚影发生变化，所以开始读数与最终读数应处在同一光照条件下。为了便于读数可在滴定管后衬一“读数卡”，读数卡可用一白色卡片，此时可清晰看到弯月面的最低点。也可在白卡的中间涂一黑色长方

形，调黑色部分上沿至弯月面下约1mm左右时，即可看到清晰的弯月面的黑色反射层，读取黑色弯月面的最低点。

⑤ 每次滴定最好从0.00mL刻度开始。这样滴定时，所消耗溶液的体积可由最终读数直接得出。操作熟练后，滴定可以不从零刻度开始，但每次仍需在0.00mL附近或同一刻度开始。即在重复测定时，应使用同一段滴定管，这样可以使几次重复测定的结果更为一致。

用毕的滴定管，倒出管内剩余溶液，用自来水冲洗干净，并用蒸馏水淋洗两次，以备下次使用。

二、容量瓶

容量瓶主要用于准确地配制一定浓度的溶液，也可用于溶液的成倍数的稀释。它是一种细长颈、梨形的平底玻璃瓶，配有磨口塞。瓶颈上刻有标线，当瓶内液体在所指定温度下达到标线处时，其体积即为瓶上所注明的容积。一种规格的容量瓶只能量取一个量。常用的容量瓶有5mL、10mL、25mL、50mL、100mL、250mL、500mL、1000mL等多种规格。

1. 检漏

容量瓶使用之前，应检查塞子是否与瓶配套。将容量瓶盛水后塞好，左手食指按紧瓶塞，右手指尖托起瓶底使瓶倒立2min，如不漏水，把瓶直立，将瓶塞转动180°，再倒立2min，观察无渗水方可使用。瓶塞应用细绳系于瓶颈，不可随便放置以免沾污或拿错。

2. 使用

配制溶液时，先将准确称取的固体物质在小烧杯中溶解，然后将一玻璃棒插入容量瓶内，不要太接近瓶口，下端靠近瓶颈内壁，烧杯嘴紧靠玻璃棒，将溶液沿玻璃棒缓缓注入容量瓶中。溶液转移后，应将烧杯沿玻璃棒微微上提，同时使烧杯直立，避免沾在杯口的液滴流到杯外，再把玻璃棒放回烧杯。接着，用洗瓶吹洗烧杯内壁和玻璃棒，洗涤水全部转移入容量瓶，反复此操作四、五次以保证转移完全。以上过程，称为“定量转移”操作。

定量转移后，加入稀释剂（例如水），当加水至容量瓶容积约2/3时，先将瓶按水平方向摇动（不能倒置），使溶液初步均匀，接着继续加至离刻度线约0.5cm处，用小滴管逐滴加入蒸馏水至液面，与标线相切，盖好瓶塞，用食指压住塞子，其余四指握住颈部，另一手（五只手指）将容量瓶托住并反复倒置，摇荡使溶液完全均匀，反复十余次。此操作称为“定容”。

此外，在使用容量瓶时还要注意以下问题。

① 容量瓶的容积是特定的，刻度不连续，所以一种型号的容量瓶只能配制同一体积的溶液。在配制溶液前，先要弄清楚需要配制的溶液的体积，然后再选用相同规格的容量瓶。

② 不能在容量瓶里进行溶质的溶解，应将溶质在烧杯中溶解后再转移到容量瓶里。

③ 用于洗涤烧杯的溶剂总量不能超过容量瓶的标线。

④ 容量瓶不能进行加热。如果溶质在溶解过程中放热，要待溶液冷却后再进行转移，因为一般的容量瓶是在20℃的温度下标定的，若将温度较高或较低的溶液注入容量瓶，容量瓶则会热胀冷缩，所量体积就会不准确，导致所配制的溶液浓度不准确。

⑤ 容量瓶只能用于配制溶液，不能储存溶液，因为溶液可能会对瓶体进行腐蚀，从而使容量瓶的精度受到影响。

⑥ 容量瓶用毕应及时洗涤干净，塞上瓶塞，容量瓶长期不用，可先洗净后在塞子与瓶口之间夹一条纸条，防止瓶塞与瓶口粘连。

三、移液管和吸量管

移液管和吸量管都是移取一定量溶液的量器，移液管是一支细长而中间膨大的玻璃管，管径上刻有环形标线，膨大部分标有容积和标定温度。常用的移液管有5mL、10mL、25mL、50mL、100mL等规格。

吸量管是具有分刻度的直形玻璃吸管，没有中间膨大部分。可用于准确量取任意体积的溶液。常用的吸管容积有1mL、2mL、

5mL、10mL 等规格。

1. 使用前准备

使用前首先用水、铬酸洗液等清洗至内壁不挂水珠。具体操作为：将移液管或吸量管插入洗液瓶中，右手拿住移液管或吸量管，左手持洗耳球挤排出其中的气体，再使之紧密接触管口，慢慢放松手指将洗液缓缓吸入至全管的 1/3 处，移去吸球，同时迅速用食指按住管口，取出吸管，使洗液遍布管内壁进行润洗，最后，将洗液放回原瓶。用自来水冲洗后，再用蒸馏水润洗三次，方法同上，并用洗瓶冲洗管下部外壁。如果内壁污染严重，可以将移液管或吸量管浸入盛有洗液的大量筒中，浸泡数小时，取出再清洗。

2. 使用方法

在用洗净的移液管或吸量管量取溶液前，为避免移液管尖端上残留的水滴进入所要移取的溶液，使溶液的浓度改变，应先用吸水纸将尖端内外的水吸干。然后再用少量要移取的溶液润洗三次。

移取溶液时，右手拇指及中指拿住管颈标线以上的地方，使管的尖端插入液面至少 1～2cm 深。左手拿橡皮球，先掐瘪排出球中空气，将球口对准移液管上口，按紧勿使漏气。松开左手，当液面上升到标线以上时，迅速用右手食指按紧管口，将管提离液面。垂直持管使其出口尖端靠着容器壁，用右手的拇指和中指微微转动吸管，同时食指仍轻轻按住管口，使液面缓缓下降。待管中溶液的弯月面与标线相切（眼睛应与标线在同一水平线上）时，立即停止转动，按紧食指，使液体不再流出。

将移液管放入准备接收溶液的容器中，使出口尖端接触容器内壁，容器稍倾斜，而管保持直立。松开食指，让溶液自然流出，待全部溶液流尽后，再等 15s 取出，不要吹出残留液滴。

吸量管调节液面的方法与移液管相同。用吸管放出管内一定体积的溶液时，当管中液面与所需的第二次读数的刻度相切时，应立即停止转动并用力按住管口，勿让液面落到标线以下。

移液管和吸量管用后应立即放在移液管架上。实验完毕后用自来水洗净。移液管和吸量管都不能在烘箱中烘干。

实验四　滴定分析基本操作

一、实验目的

1. 掌握滴定分析仪器的洗涤与使用方法。

2. 练习滴定分析指示剂终点确定。

二、实验仪器和试剂

HCl 溶液（$0.1mol \cdot L^{-1}$）；

NaOH 溶液（$0.1mol \cdot L^{-1}$）；

甲基橙指示液（$1g \cdot L^{-1}$）；

酚酞指示液（$10g \cdot K^{-1}$）。

三、实验步骤

1. 清点实验仪器。

2. 玻璃仪器的洗涤及准备，洗涤时要注意保护好滴定管旋塞、管尖，容量瓶和移液管尖，防止损坏。按要求进行涂油、装水、试漏等操作。

3. 仪器的使用和操作

（1）用 $0.1mol \cdot L^{-1}$ NaOH 溶液润洗碱式滴定管 2～3 次，每次 5～10mL，然后将溶液倒入碱式滴定管中，调好零点。

（2）用 $0.1mol \cdot L^{-1}$ HCl 溶液润洗酸式滴定管 2～3 次，每次 5～10mL，然后将溶液倒入酸式滴定管中，调好零点。

（3）由碱式滴定管中放出 NaOH 溶液 20～25mL（以约 10mL/min 的速度放出溶液），注入 250mL 锥形瓶中，加入 1～2 滴甲基橙指示剂，用 HCl 溶液滴定至溶液由黄色变为橙色。如此反复练习滴定操作和观察终点。读准最后所用 HCl 和 NaOH 溶液的体积（mL），平行滴定三份，计算平均结果和平均相对偏差。要求平均相对偏差不大于 0.2%。

（4）用移液管吸取 25.00mL HCl 溶液于 250mL 锥形瓶中，加

1～2滴酚酞指示剂，用NaOH溶液滴定至微红色30s不褪色即为终点。读取所用NaOH溶液的体积。如此平行滴定三份，要求所用NaOH溶液的体积的差值不超过±0.04mL。

四、思考题

1. 能否在分析天平上准确称取固体NaOH直接配制标准溶液？

2. 在滴定分析实验中，滴定管、移液管为什么需要用操作溶液润洗几次，滴定中使用锥形瓶或烧杯，是否也要润洗？

五、滴定分析仪器的校准

容量分析中所用玻璃仪器的实际容积常常因为温度的变化、试剂的侵蚀，而与它们所标示的容积不完全符合。在准确度要求较高的测定中，应该对它们的容积进行校准。

（一）容量器皿的允差

容量器皿是按照一定规格制成的，器皿上所标示出的刻度和容积数值，是以20℃为标准温度标定的，即标准容量。而容量允差就是量器的实际容量和标准容量之间允许存在的差值。根据国家计量总局批准的计量器具检定规范《基本玻璃量器》JJG 196—90中规定的容量允差见表2-3及表2-4。

（二）校准方法

由于玻璃具有热胀冷缩的特性，在不同的温度下容量器皿的体积也有所不同。因此，校准玻璃容量器皿时，必须规定一个共同的温度值，这一规定温度值为标准温度。国际上规定玻璃容量器皿的标准温度为20℃。即在校准时都将玻璃容量器皿的容积校准到20℃时的实际容积。容量器皿常采用两种校准方法。

1. 相对校准

要求两种容器体积之间有一定的比例关系时，常采用相对校准的方法。例如，25mL移液管量取液体的体积应等于250mL容量瓶量取体积的10％。

表 2-3 滴定管、移液管和吸量管的容量允差（20℃）

<table>
<tr><td colspan="3">标称总容量/mL</td><td>1</td><td>2</td><td>5</td><td>10</td><td>25</td><td>50</td><td>100</td></tr>
<tr><td rowspan="6">滴定管</td><td colspan="2">分度值/mL</td><td colspan="2">0.01</td><td>0.02</td><td>0.05</td><td>0.1</td><td>0.1</td><td>0.2</td></tr>
<tr><td rowspan="2">容量允差/mL</td><td>A</td><td colspan="2">±0.010</td><td>±0.010</td><td>±0.025</td><td>±0.04</td><td>±0.05</td><td>±0.10</td></tr>
<tr><td>B</td><td colspan="2">±0.020</td><td>±0.020</td><td>±0.050</td><td>±0.08</td><td>±0.10</td><td>±0.20</td></tr>
<tr><td rowspan="2">水流出时间/s</td><td>A</td><td colspan="2">20～35</td><td colspan="2">30～45</td><td>45～70</td><td>60～90</td><td>70～100</td></tr>
<tr><td>B</td><td colspan="2">15～35</td><td colspan="2">20～45</td><td>35～70</td><td>50～90</td><td>60～100</td></tr>
<tr><td colspan="2">等待时间/s</td><td colspan="7">30</td></tr>
<tr><td rowspan="4">移液管（单标线）</td><td rowspan="2">容量允差/mL</td><td>A</td><td>±0.007</td><td>±0.010</td><td>±0.015</td><td>±0.020</td><td>±0.030</td><td>±0.05</td><td>±0.06</td></tr>
<tr><td>B</td><td>±0.015</td><td>±0.020</td><td>±0.030</td><td>±0.040</td><td>±0.060</td><td>±0.10</td><td>±0.16</td></tr>
<tr><td rowspan="2">水流出时间/s</td><td>A</td><td colspan="2">7～12</td><td>15～25</td><td>20～30</td><td>25～35</td><td>30～40</td><td>35～45</td></tr>
<tr><td>B</td><td colspan="2">5～12</td><td>10～25</td><td>15～30</td><td>20～35</td><td>25～40</td><td>30～45</td></tr>
<tr><td rowspan="3">吸量管</td><td colspan="2">分度值/mL</td><td>0.01</td><td>0.02</td><td>0.05</td><td>0.1</td><td>0.2</td><td>0.2</td><td></td></tr>
<tr><td rowspan="2">容量允差/mL</td><td>A</td><td>±0.008</td><td>±0.012</td><td>±0.025</td><td>±0.05</td><td>±0.10</td><td>±0.10</td><td></td></tr>
<tr><td>B</td><td>±0.015</td><td>±0.025</td><td>±0.050</td><td>±0.10</td><td>±0.20</td><td>±0.20</td><td></td></tr>
</table>

注：表中A级品用于较为准确的分析工作，B级品多用于工业分析，表2-4同。

表 2-4 容量瓶的容量允差（20℃）

<table>
<tr><td colspan="2">标称总容量/mL</td><td>5</td><td>10</td><td>25</td><td>50</td><td>100</td><td>250</td><td>500</td><td>1000</td><td>2000</td></tr>
<tr><td rowspan="2">容量允差/mL</td><td>A</td><td>±0.020</td><td>±0.020</td><td>±0.03</td><td>±0.05</td><td>±0.10</td><td>±0.15</td><td>±0.25</td><td>±0.40</td><td>±0.60</td></tr>
<tr><td>B</td><td>±0.040</td><td>±0.040</td><td>±0.06</td><td>±0.10</td><td>±0.20</td><td>±0.30</td><td>±0.30</td><td>±0.80</td><td>±1.20</td></tr>
</table>

2. 绝对校准

绝对校准是测定容量器皿的实际容积。常用的校准方法为衡量法，又叫称量法。即用天平称得容量器皿容纳或放出纯水的质量，然后根据水的密度，计算出该容量器皿在标准温度（20℃）时的实际体积。由质量换算成容积时，需考虑三方面的影响：

① 水的密度随温度的变化；

② 温度对玻璃器皿容积胀缩的影响；

③ 在空气中称量时空气浮力的影响。

为了方便计算，将上述三种因素综合考虑，得到一个总校准值。经总校准后的纯水密度列于表2-5中。

表2-5 不同温度下纯水的密度

（空气密度为0.0012g·cm^{-3}，钙钠玻璃体膨胀系数为2.6×10^{-5}/℃）

温度/℃	密度/g·mL^{-1}	温度/℃	密度/g·mL^{-1}
10	0.9984	21	0.9970
11	0.9983	22	0.9968
12	0.9982	23	0.9966
13	0.9981	24	0.9964
14	0.9980	25	0.9961
15	0.9979	26	0.9959
16	0.9978	27	0.9956
17	0.9976	28	0.9954
18	0.9975	29	0.9951
19	0.9973	30	0.9948
20	0.9972		

实际应用时，只要称出被校准的容量器皿容纳和放出纯水的质量，再除以该温度时纯水的密度值，便是该容量器皿在20℃时的实际容积。

【例1】 在18℃，某一50mL容量瓶容纳纯水质量为49.87g，计算出该容量瓶在20℃时的实际容积。

解： 查表得18℃时水的密度为0.9975g·mL^{-1}，所以在20℃时容量瓶的实际容积V_{20}为：

$$V_{20}=\frac{49.87}{0.9975}=49.99\ (mL)$$

3. 溶液体积对温度的校正

容量器皿是以20℃为标准来校准的，使用时则不一定在20℃，因此，容量器皿的容积以及溶液的体积都会发生改变。由于玻璃的膨胀系数很小，在温度相差不太大时，容量器皿的容积改变可以忽略。稀溶液的密度一般可用相应水的密度来代替。

【例2】 在10℃时滴定用去25.00mL 0.1mol·L^{-1}标准溶液，

问 20℃时其体积应为多少？

解：$0.1mol \cdot L^{-1}$ 稀溶液的密度可以用纯水密度代替，查表得，水在 10℃时密度为 $0.9984g \cdot mL^{-1}$，20℃时密度为 0.9972 $g \cdot mL^{-1}$。故 20℃时溶液的体积为：

$$V_{20}=25.00\times\frac{0.9984}{0.9972}=25.03\ (mL)$$

4. 校准注意事项

① 量器必须用热的铬酸洗液或其他洗涤液充分清洗。当水面下降（或上升），与器壁接触处形成正常弯月面，水面上部器壁不应挂有水珠。

② 水和容量器皿的温度应尽量接近室温，温度测量应精确至 0.1℃。

③ 校准滴定管时，充水至最高标线以上约 5mm 处，然后将液面调至“0”刻度。全开旋塞，按照规定的时间以 $6\sim10mL \cdot min^{-1}$ 让水流出，当液面流至被检分度线上约 5mm 处，关好旋塞等待 30s，然后在 10s 内将液面准确地调至被检分度线上。

④ 校准移液管及完全流出式吸量管时，水自标线流至出口端不流时，再等待 15s。

⑤ 校准不完全流出式吸量管时，水自最高标线流至最低标线以上约 5mm 处，等待 15s，然后调至最低标线。

实验五　容量器皿的校准

一、实验目的

1. 掌握滴定管、移液管、容量瓶的使用方法。

2. 练习滴定管、移液管、容量瓶的校准方法，并了解容量器皿校准的意义。

二、实验仪器

分析天平及砝码；

50mL 酸式滴定管、50mL 碱式滴定管；
25mL 移液管；
250mL 容量瓶、50mL 容量瓶；
温度计（0～50℃或 0～100℃，公用）；
洗耳球。

三、实验步骤

1. 滴定管的校正

先将干净并且外部干燥的 50mL 容量瓶，在台秤上粗称其质量，然后在分析天平上称量，准确称至 0.01g。将去离子水装满欲校准的滴定管，调节液面至 0.00mL 刻度处，记录水温，然后按 6～10mL·min^{-1}的流速，放出 10mL（要求在 10mL±0.1mL 范围内）水于已称过质量的容量瓶中，盖上瓶塞，再称出它的质量，两次质量之差即为放出水的质量。用同样的方法称量滴定管中从 10～20mL、20～30mL……等刻度间水的质量。用实验温度时的密度除每次得到的水的质量，即可得到滴定管各部分的实际容积。将 25℃时校准滴定管的实验数据按照表 2-6 所示格式记录和计算。

表 2-6　滴定管校准表（水的温度为 25℃，水的密度为 0.9961g·mL^{-1}）

滴定管读数	容积/mL	瓶与水的质量/g	水质量/g	实际容积/mL	校准值	累积校准值/mL
0.03		29.20(空瓶)				
10.13	10.10	39.28	10.08	10.12	+0.02	+0.02
20.10	9.97	49.19	9.91	9.95	−0.02	0.00
30.08	9.97	59.18	9.99	10.03	+0.06	+0.06
40.03	9.95	69.13	9.93	9.97	+0.02	+0.08
49.97	9.94	79.01	9.88	9.92	−0.02	+0.06

例如：25℃时由滴定管放出 10.10mL 水，其质量为 10.08g，算出这一段滴定管的实际体积为：

$$V_{10}=\frac{10.08}{0.9961}=10.12\ (\text{mL})$$

故滴定管这段容积的校准值为：10.12−10.10=+0.02（mL）

2. 移液管的校准

将 25mL 移液管洗净，吸取去离子水调节至刻度，放入已称量的容量瓶中，再称量，根据水的质量计算在此温度时的实际容积。两支移液管各校准 2 次，对同一支移液管两次称量差，不得超过 20mg，否则重做校准。测量数据按表 2-7 格式记录和计算。

表 2-7 移液管的校准表

水的温度＝ ℃， 密度＝ g·mL^{-1}

移液管编号	移液管容积/g	容量瓶质量/g	瓶与水的质量/g	水质量/g	实际容积/mL	校准值/mL
Ⅰ						
Ⅱ						

3. 容量瓶与移液管的相对校准

用 25mL 移液管吸取去离子水注入洁净并干燥的 250mL 容量瓶中（操作时切勿让水碰到容量瓶的磨口）。重复 10 次，然后观察溶液弯月面下缘是否与刻度线相切，若不相切，另做新标记，经相互校准后的容量瓶与移液管均做上相同记号，可配套使用。

四、思考题

1. 称量水的质量时，需要精确至多少克？为什么？

2. 为什么要进行容量器皿的校准？影响容量器皿体积刻度不准确的主要因素有哪些？

3. 利用称量水法进行容量器皿校准时，为何要求水温和室温一致？若两者有稍微差异时，以哪一温度为准？

4. 从滴定管放去离子水到待校准的容量瓶中时，应注意些什么？

5. 滴定管有气泡存在时对滴定有何影响？应如何除去滴定管中的气泡？

第三节　称量分析法基本操作

一、试样的溶解

首先洗净准备好的烧杯，并配以合适的玻璃棒（其长度约为烧杯高度的1.5倍）及直径略大于烧杯口的表面皿。将称量好的试样放入准备好的烧杯中，根据试样的性质选择合适的溶剂进行溶解。若溶解过程无气体产生，可将玻璃棒下端紧靠杯壁，沿玻璃棒缓缓倾入溶剂，盖上表面皿，轻摇烧杯使试样溶解；若试样溶解时有气体产生，则应先加少量水使试样润湿，然后盖好表面皿，再由烧杯嘴和表面皿的间隙处滴加溶剂，轻轻摇动，待试样溶解后用洗瓶吹洗表面皿的凸面，流下来的水应沿杯壁流入烧杯中，并吹洗烧杯壁；如果溶解必须加热，可在杯口上放玻璃三角或挂三个玻璃勾，再在上面盖上表面皿。

二、沉淀

沉淀前所需试剂应先准备好，加入液体试剂时应沿烧杯壁或沿搅拌棒加入，勿使溶液溅出，沉淀剂一般用滴管逐滴加入，同时搅拌，以减少局部过饱和现象。应根据所形成沉淀的性状选择适当的沉淀条件。

1. 晶形沉淀

先将试液在水浴或电热板上加热，然后用滴定管加入沉淀剂溶液，滴定管口要接近液面，滴定速度要慢，同时用玻璃棒充分搅拌，但要注意玻棒不能碰撞杯壁和杯底。沉淀后要检查沉淀是否完全。检查方法：先将溶液静置，待沉淀下沉后，再加入1～2滴沉淀剂，如果上层清液不出现浑浊，表示沉淀完全，否则应继续滴加沉淀剂，直至沉淀完全为止。然后盖上表面皿，放置过夜或在水浴上加热1h左右，使沉淀陈化。

2. 无定形沉淀

在热、浓的溶液中，较快加入较浓的沉淀剂，同时充分搅拌。沉淀完全后，用热水稀释，趁热过滤，不必陈化。

三、沉淀的过滤和洗涤

需要灼烧才可称量的沉淀一般需要用无灰定量滤纸过滤，而对于只需烘干即可称量的沉淀可直接采用微孔玻璃坩埚（或漏斗）过滤。

1. 滤纸和漏斗的选择

首先应根据沉淀的性状选择适当的大小和致密程度的滤纸。如细晶形沉淀应选直径较小（7～9cm）、致密的慢速滤纸；疏松的无定形沉淀，体积庞大，难于洗涤，可选用直径较大的（9～11cm）、疏松的快速滤纸。常见国产定量滤纸的类型见表 2-8。

表 2-8　定量滤纸规格

项　目	规　格		
	快　速	中　速	慢　速
质量/g·m^{-2}	80±4.0		
分离性能(沉淀物)	氢氧化铁	碳酸锌	硫酸钡
过滤速度/s·100mL^{-1}	60～100	100～160	160～200
湿耐破度(水柱)/mm　≥	120	140	160
灰分/%　≤	0.01	0.01	0.01
颜色标志	白色	蓝色	红色
适用范围	粗晶形及无定形沉淀，如氢氧化铁、氢氧化铝	中等粒度沉淀，如大部分硫化物、磷酸铵镁	细粒状沉淀，如硫酸钡
圆形滤纸直径/mm	55、70、90、110、125、180、230、270		

称量分析使用的漏斗是长颈漏斗。漏斗锥体角度 60°，颈的直径通常为 3～5mm，颈长为 15～20cm。滤纸放入漏斗后，其边缘应比漏斗低 0.5～1cm。将沉淀转移至滤纸上后，沉淀高度应相当于滤纸高度的 1/3～1/2。

2. 滤纸的折叠和安放

漏斗洗净后，取一张滤纸整齐地对折，使其边缘重合，再对折一次（注意第二次对折时不要折死）。滤纸在漏斗中展开后如果漏斗正好是60°，滤纸叠成90°，恰好与漏斗的圆锥形内壁密合（此时再压死第二次折线）即可。但如果漏斗的圆锥角不是60°，就要改变第二次折叠的角度，使滤纸和漏斗紧密贴合。为了将滤纸的双折部分紧密贴在漏斗内壁上而不留空隙，可把贴着漏斗壁的外层滤纸折角撕下一点（保留撕下的部分，擦烧杯时用）。展开滤纸成圆锥状，放在尽可能干燥的漏斗上，以少量蒸馏水润湿。用洁净的手指紧压滤纸，赶走留在滤纸和漏斗间隙中的气泡，使滤纸紧贴在漏斗上。若滤纸没有贴紧而产生气泡，则表示滤纸折叠得不合适，应重折。否则过滤速度缓慢，在过滤中易冲破滤纸，沉淀颗粒也易透过滤纸。

装好滤纸后，在漏斗中灌满蒸馏水，任水流出，并用手指紧压滤纸边缘，不让空气进入缝隙，待水全部流出后，漏斗颈部仍充满水，形成“水柱”。由于“水柱”的重力产生的抽滤作用，加快了过滤的速度。

把有水柱的漏斗放在漏斗架上，用一洁净的烧杯接收滤液。漏斗架的高度以过滤过程中漏斗颈的出口不接触滤液为准，漏斗下口紧贴烧杯内壁，以免滤液飞溅。漏斗应放正，使其边缘在同一水平上，否则洗涤沉淀时，较高的地方不易洗到，会影响洗涤效果。

3. 沉淀的过滤和洗涤

过滤前，把有沉淀的烧杯倾斜静置，但玻璃棒不要靠在烧杯嘴处，因为烧杯嘴处可能粘有少量沉淀。待沉淀下降后，轻轻拿起烧杯，勿搅动沉淀，进行过滤。沉淀的过滤一般分为三个步骤。

① 先用倾注法洗涤，在沉淀上每次沿玻璃棒加20～30mL蒸馏水或洗涤液，充分搅拌（尽可能不搅起沉淀），放置，待沉淀下降后，用倾注法过滤。此阶段洗涤的次数根据沉淀的性质而定，晶形沉淀洗涤3～4次，无定形沉淀洗涤5～6次。

② 再把沉淀转移到滤纸上。转移沉淀时，在沉淀上加入10～

15mL 洗涤液（加入量应不超过漏斗一次能容纳的量），搅起沉淀，小心地使悬浊液顺着玻璃棒倒在滤纸上。这样重复 4～5 次即可。接着使烧杯倾斜并将玻璃棒架在烧杯口上，玻璃棒下端对着滤纸的三层处，用洗瓶压出洗液，冲洗烧杯内壁，将残余的沉淀完全转移到滤纸上。

然后，用洗瓶压出洗液，自上而下螺旋式地洗涤滤纸上的沉淀，使沉淀集中到滤纸的底部，便于以后操作。洗涤前，应将洗瓶中玻璃管内的气体压出，使洗瓶的出口管充满液体，以免冲洗时，气体和液流同时压出，溅起沉淀。

如果烧杯壁和玻璃棒上还附着少许没有洗下的沉淀，则应把折叠滤纸时撕下来的滤纸角用水湿润后，先擦玻璃棒上的沉淀，再用玻璃棒按住滤纸角将烧杯壁上的沉淀擦下，将滤纸角放在漏斗中。对着光线检查烧杯内壁上是否还有沉淀颗粒残留，用洗瓶吹洗一次。

洗涤沉淀时，为了提高效率，应在前一份洗涤液流尽后，再加一份新的洗涤液。还应注意，同样量的洗涤液分多次洗涤效果较好。这通常称为“少量多次”的洗涤原则，沉淀一般至少洗涤 8～10 次，无定形沉淀洗涤次数还要多些。当洗涤 7～8 次以后，可以检查沉淀是否洗净。如果滤液中的成分也要分析时，检查过早会损失一部分滤液而引入误差。

③ 洗净玻璃棒和烧杯内壁。

四、烘干和灼烧

1. 坩埚的恒重

用坩埚进行沉淀的烘干、灼烧和称量时，应预先将空坩埚灼烧至恒重。空坩埚灼烧的温度和时间、冷却的时间、干燥剂的种类以及称量的时间等条件，应与装沉淀时相同。

将洗净并干燥的空坩埚放入已恒温的马弗炉中进行第一次灼烧，约 30min 取出（为了防止灼烧坩埚骤冷炸裂，夹坩埚时，应先将坩埚钳的头部预热）。取出后，待其红热状态消失后，约等待

1min，将坩埚放入干燥器内，在天平室内冷却。由于各种沉淀的灼烧温度、坩埚大小和坩埚壁厚薄等不同，坩埚的冷却时间应由具体实验确定，一般约需30min。坩埚冷却后称量。然后再在同样条件下灼烧、冷却和称量，第二次灼烧时间可短些，约15～20min。两次称量结果相差不超过0.2～0.3mg，可认为坩埚已达到“恒重”。否则应再灼烧、冷却，称量，直至恒重。

2. 沉淀的包裹和烘干

用顶端细而圆的玻璃棒，从滤纸的三层处，小心地将滤纸与漏斗壁拨开。再从滤纸三层处的外层把滤纸和沉淀取出。

若是晶形沉淀，可先包裹沉淀，沉淀包好后，放入已恒重的坩埚内，滤纸层数较多的一边向上；若是无定形沉淀，因沉淀量较多，把滤纸的边缘向内折，把圆锥体的敞口封上，然后小心取出，倒转过来，尖头向上，放入已恒重的坩埚中。

然后将沉淀和滤纸进行烘干。烘干时应在煤气灯（或电炉）上进行。在煤气灯上烘干时，将放有沉淀的坩埚斜放在泥三角上，滤纸的三层部分向上，坩埚底部枕在泥三角的一边，坩埚口朝泥三角的顶角，调好煤气灯。为使滤纸和沉淀迅速干燥，应该用反射焰，即用小火加热坩埚盖中部，这时热空气进入坩埚内部，而水蒸气则从坩埚上面逸出。

3. 滤纸的炭化和灰化

滤纸和沉淀干燥后，将煤气灯逐渐移至坩埚底部，使火焰逐渐加大，炭化滤纸，如温度升高太快，滤纸会生成整块的炭，需要较长时间才能将其灰化，故不要使火焰加得太大，炭化时如遇滤纸着火，可立即用坩埚盖盖住，使坩埚内的火焰熄灭（切不可用嘴吹灭）。着火时，不能置之不理，让其燃尽，这样易使沉淀随气流扩散损失。待火熄灭后，将坩埚盖移至原位置，继续加热到全部炭化（滤纸变黑）。炭化后可加大火焰，使滤纸灰化，滤纸灰化后，应呈灰白色而不是黑色。此时，坩埚也可直立。

为使炭化较快地进行，应该随时用坩埚钳夹住坩埚使之转动，但不要使坩埚中的沉淀翻动，以免沉淀损失。使用的坩埚钳，放置时注意使嘴向上，不要向下。

沉淀的烘干、炭化和灰化也可在电炉上进行。应注意温度不能太高。这时坩埚是直立，坩埚盖不能盖严，其他操作和注意事项同前。

4. 沉淀的灼烧

沉淀和滤纸灰化后，将坩埚移至高温炉中（根据沉淀性质调节适当温度），盖上坩埚盖，但留有空隙。在与灼烧空坩埚时相同温度下，灼烧 40～50min，与空坩埚灼烧操作相同，取出，冷至室温称重。然后进行第二次、第三次灼烧，直至坩埚和沉淀恒重为止。一般第二次以后的灼烧 20min 即可。

从高温炉中取出坩埚时，将坩埚移至炉口，至红热稍退后，再将坩埚从炉中取出放在洁净瓷板上，在夹取坩埚时，坩埚钳应预热。待坩埚冷至红热退去后，再将坩埚转至干燥器中。放入干燥器后盖好盖子，在干燥器中冷却至室温，一般须 3min 以上。但要注意，每次灼烧、称重和放置的时间都要保持一致。

此外，某些沉淀在烘干时就可得到一定组成，此时就无须再灼烧，而热稳定性差的沉淀也不宜灼烧，这时，可用微孔玻璃坩埚烘干至恒重即可。微孔玻璃坩埚放入烘箱中烘干时，应将它放在表面皿上进行。根据沉淀性质确定干燥温度。一般第一次烘干约 2h，第二次 45min 到 1h。如此重复烘干，称重，直至恒重为止。

第四节　实验数据记录及分析结果的表达

在化学分析实验中，真实记录实验原始数据，科学进行数据处理不但是一名分析工作者应具备的职业素质，也是分析结果准确可靠的前提。

一、实验原始记录

① 实验原始数据一律写在记录本上，绝不允许将数据记在纸片或其他位置。

② 数据记录必须及时、清晰、准确，一目了然，要求实事求是，切忌夹杂主观因素，更不能随意涂改、编造实验数据。

③ 实验中记录的实验数据，其数字的准确度应与分析的准确度相适应，即记录到最末一位可疑数字为止。例如，用万分之一天平称量时，要求记录到0.0001g；常量滴定管要读到0.01mL。

④ 如果实验中发现数据记录有误，如测定错误、读数错误等需要改动原记录时，可将要改动的数据用一横线划掉，并在其上方写出正确结果。还要注明改动原因。

二、实验数据的处理与评价

① 根据实验原始记录首先计算得分析结果，然后根据测定次数求出平均值作为分析最终结果。

② 评价平行测定的精密度。根据几次测定结果，求出分析结果的偏差。

③ 评价实验数据是否符合标准要求。一般将检测所得的测定值与标准规定的极限数据相比较。比较方法有全数值比较法和修约值比较法两种。全数值比较法是将测定结果不经修约处理，而直接和标准规定的极限数值比较；修约值比较法是将测定结果先修约到与标准规定的极限数据位数一致，再进行比较的方法。若标准中极限数值未加说明，均采用全数值比较法。

④ 涉及的实验数据应使用法定计量单位。

⑤ 一般采用列表法记录实验原始数据和表示测定结果与数据评价。

三、实验报告范例

书写实验报告，应包括下列内容：实验名称、实验日期、同组人、简要原理、实验仪器及试剂、实验步骤（简要描述，可用箭头流程法）、实验原始数据记录、数据处理（计算公式）与评价（误差分析）、实验问题讨论与总结。

下面以“盐酸标准滴定溶液的制备”为例说明实验报告的书写

格式。

实验　盐酸标准滴定溶液的制备

实验日期：年—月—日　实验者：×××　同组人：×××

一、实验原理

盐酸标准滴定溶液常采用间接法制备。标定常用的基准物质是无水 Na_2CO_3，反应为：

$$Na_2CO_3 + 2HCl = 2NaCl + H_2O + CO_2 \uparrow$$

以甲基橙作指示剂，用 HCl 溶液滴定至溶液显橙色为终点；用甲基红-溴甲酚绿混合指示剂时，终点由绿色变为暗红色。

二、实验试剂

浓盐酸（密度 $1.19g \cdot mL^{-1}$）；基准无水碳酸钠（在 270～300℃烘至质量恒定，密封保存在干燥器中）；甲基橙指示液（$1g \cdot L^{-1}$）。

三、实验步骤

1. 配制

用量杯量取 9.0mL 浓盐酸→倾入预先盛有 200mL 水的试剂瓶中→加水稀释至 1000mL→摇匀待标定。

2. 标定

以减量法称取预先烘干的无水碳酸钠 0.15～0.2g（称准至 0.0002g）置于 250mL 锥形瓶中→加 25mL 水溶解→加甲基橙指示液 1～2 滴→用欲标定的 $0.1mol \cdot L^{-1}$ 的 HCl 标准滴定溶液滴定至溶液由黄色转变为橙色时即为终点→读数并记录。平行测定三次。

四、实验原始数据记录

实验台号：××　　天平号：××

续表

平行测定次数	1	2	3
倾样前试样＋称量瓶的总质量/g	18.2768	18.1120	17.9252
倾样后试样＋称量瓶的总质量/g	18.1120	17.9252	17.7428
倾出的试样质量/g	0.1648	0.1868	0.1824
滴定前滴定管读数/mL	0.00	0.00	0.00
滴定后滴定管读数/mL	30.74	34.90	34.04
滴定消耗 HCl 标准滴定溶液的体积/mL	30.74	34.90	34.04

五、实验数据处理

1. HCl 标准滴定溶液的标定

$$c(\mathrm{HCl})=\frac{2m(\mathrm{Na_2CO_3})}{M(\mathrm{Na_2CO_3})\cdot V(\mathrm{HCl})}$$

第一次标定：$c_1=\dfrac{2\times 0.1648}{105.99\times 30.74\times 10^{-3}}=0.1012\ (\mathrm{mol\cdot L^{-1}})$

第二次标定：$c_2=\dfrac{2\times 0.1868}{105.99\times 34.90\times 10^{-3}}=0.1010\ (\mathrm{mol\cdot L^{-1}})$

第三次标定：$c_3=\dfrac{2\times 0.1824}{105.99\times 34.04\times 10^{-3}}=0.1011\ (\mathrm{mol\cdot L^{-1}})$

2. 平均值的计算：$\bar{c}=\dfrac{c_1+c_2+c_3}{3}$

$$=\frac{0.1012+0.1010+0.1011}{3}\ (\mathrm{mol\cdot L^{-1}})$$

$$=0.1011\ (\mathrm{mol\cdot L^{-1}})$$

3. 数据分析

平均偏差：$\bar{d}=\dfrac{d_1+d_2+d_3}{3}=0.000067\ (\mathrm{mol\cdot L^{-1}})$

相对平均偏差：$\dfrac{\bar{d}}{\bar{x}}\times 100\%=\dfrac{0.000067}{0.1011}\times 100\%=0.066\%$

六、思考题

1. 用无水碳酸钠标定盐酸时反应产生碳酸，会使滴定突跃不明显，致使指示剂颜色变化不够敏锐。因此，在接近滴定终点时需要剧烈摇动或把溶液加热至沸，并摇动以赶出 CO_2，冷却后再继续滴定。

2. 实验误差分析：本次标定误差来源有基准物的称量及其称量前后天平零点变动引入的误差，此外还有滴定终点的误差。

第三章　滴定分析法

第一节　酸碱滴定法

实验六　盐酸标准滴定溶液的制备

一、实验目的

1. 学习减量法称取基准物的方法。
2. 学习用碳酸钠标定盐酸溶液的方法。
3. 熟练滴定操作和滴定终点的操作。

二、实验原理

市售盐酸试剂密度为 $1.19g \cdot mL^{-1}$，含量约 37%，其浓度约为 $12mol \cdot L^{-1}$。浓盐酸易挥发，不能直接配制成准确浓度的盐酸溶液。因此，常将浓盐酸稀释成所需近似浓度，然后用基准物质进行标定。(考虑到浓盐酸的挥发性，应适当多取一点。)

标定 HCl 溶液常用的基准物质是无水 Na_2CO_3，反应为：

$$Na_2CO_3 + 2HCl = 2NaCl + H_2O + CO_2\uparrow$$

以甲基橙作指示剂，用 HCl 溶液滴定至溶液显橙色为终点；用甲基红-溴甲酚绿混合指示剂时，终点由绿色变为暗红色。

三、实验试剂

盐酸（密度 $1.19g \cdot mL^{-1}$）；

无水碳酸钠（基准物）：在 270～300℃烘至质量恒定，密封保存在干燥器中；

甲基橙指示液（$1g \cdot L^{-1}$）；

甲基红-溴甲酚绿混合指示液：甲基红乙醇溶液（$2g \cdot L^{-1}$）与溴甲酚绿乙醇溶液（$1g \cdot L^{-1}$）按 1＋3 体积比混合。

四、实验步骤

1. 配制　用量杯量取 9.0mL 浓盐酸，倾入预先盛有 200mL 水的容量瓶中，加水稀释至 1000mL，摇匀，待标定。

2. 标定

（1）用甲基橙指示液指示终点　以减量法称取预先烘干的无水碳酸钠 0.15～0.2g（称准至 0.0002g）置于 250mL 锥形瓶中，加 25mL 水溶解，再加甲基橙指示液 1～2 滴，用欲标定的 $0.1mol \cdot L^{-1}$的 HCl 标准滴定溶液进行滴定，直至溶液由黄色转变为橙色时即为终点。读数并记录，平行测定 3 次。

（2）用甲基红-溴甲酚绿混合指示液指示终点（国标法）　准确称取基准物无水 Na_2CO_3 0.15～0.2g，溶于 50mL 水中，加 10 滴甲基红-溴甲酚绿混合指示液，用 HCl 标准滴定溶液滴定至溶液由绿色变为暗红色，煮沸 2min，冷却后继续滴定至溶液呈暗红色。读数并记录，平行测定 2～3 次。

五、实验数据计算

$$c(\mathrm{HCl})=\frac{2m(\mathrm{Na_2CO_3})}{M(\mathrm{Na_2CO_3})\cdot V(\mathrm{HCl})}$$

式中　$c(\mathrm{HCl})$——HCl 标准滴定溶液的浓度，$mol \cdot L^{-1}$；

$V(\mathrm{HCl})$——滴定时消耗 HCl 标准滴定溶液的体积，L；

$m(\mathrm{Na_2CO_3})$——Na_2CO_3 基准物的质量，g；

$M(\mathrm{Na_2CO_3})$——Na_2CO_3 的摩尔质量，$g \cdot mol^{-1}$。

六、实验注意事项

用无水碳酸钠标定盐酸时反应产生碳酸，会使滴定突跃不明显，致使指示剂颜色变化不够敏锐。因此，在接近滴定终点时应剧烈摇动或最好把溶液加热至沸，并摇动以赶出CO_2，冷却后再继续滴定。

七、思考题

1. 为何要把碳酸钠放在称量瓶中称量？称量瓶是否要预先称准？称量时盖子是否要盖好？
2. 还可用哪些基准物质标定盐酸？
3. 分析一下盐酸溶液浓度标定时引入的个人操作误差。

实验七　氢氧化钠标准滴定溶液的制备

一、实验目的

1. 熟练减量法称取基准物的方法。
2. 学习用邻苯二甲酸氢钾标定氢氧化钠溶液的方法。

二、实验原理

氢氧化钠易吸收CO_2和水，不能用直接法配制标准滴定溶液，应先配成近似浓度的溶液，再进行标定。

标定NaOH溶液所用基准物质为邻苯二甲酸氢钾，反应如下：

$$C_6H_4(COOH)(COOK) + NaOH = C_6H_4(COONa)(COOK) + H_2O$$

以酚酞作指示剂，由无色变为浅粉红色30s不褪为终点。

三、实验试剂

NaOH固体；

邻苯二甲酸氢钾（基准物）：105～110℃烘至质量恒定；

酚酞指示液（$2g \cdot L^{-1}$）。

四、实验步骤

1. 配制

用表面皿快速称取固体NaOH 4g，用适量水溶解，倒入具有橡皮塞的试剂瓶中，加水稀释至1000mL，摇匀，待标定。

2. 标定

用减量法称取邻苯二甲酸氢钾三份，每份质量为0.5～0.6g（称准至0.0002g），分别置于三个250mL锥形瓶中，各加50mL不含二氧化碳的热蒸馏水使之溶解，冷却。加酚酞指示液2～3滴，用欲标定的NaOH溶液滴定，直至溶液由无色变为浅粉色30s不褪即为终点。记录滴定时消耗NaOH溶液的体积。

五、实验数据计算

$$c(\mathrm{NaOH})=\frac{m(\mathrm{KHC_8H_4O_4})}{M(\mathrm{KHC_8H_4O_4})\cdot V(\mathrm{NaOH})}$$

式中　$c(\mathrm{NaOH})$——NaOH标准滴定溶液的浓度，$\mathrm{mol\cdot L^{-1}}$；

$V(\mathrm{NaOH})$——滴定时消耗NaOH标准滴定溶液的体积，L；

$m(\mathrm{KHC_8H_4O_4})$——邻苯二甲酸氢钾基准物的质量，g；

$M(\mathrm{KHC_8H_4O_4})$——邻苯二甲酸氢钾的摩尔质量，$\mathrm{g\cdot mol^{-1}}$。

六、实验注意事项

实验中必须要注意CO_2的影响，如果经较长时间终点的浅粉色褪去，那是因为溶液吸收了空气中的CO_2所致。

七、思考题

1. 称取基准物的锥形瓶，其内壁是否必须干燥？为什么？溶解基准物所用水的体积是否需要精确？为什么？

2. 用邻苯二甲酸氢钾标定NaOH为什么用酚酞作指示剂而不用甲基橙？

3. 根据标定结果，分析一下本次标定中引入的个人操作误差。

实验八　混合碱的分析（双指示剂法）

一、实验目的

1. 掌握双指示剂法测定混合碱中两种组分的方法。

2. 根据测定结果判断混合碱样品的成分，并计算各组分含量。

二、实验原理

混合碱是指 NaOH、Na_2CO_3 与 $NaHCO_3$ 中两种组分 NaOH 与 Na_2CO_3 或 Na_2CO_3 与 $NaHCO_3$ 的混合物。在试液中，先加酚酞指示剂，用盐酸标准滴定溶液滴定至溶液由红色恰好褪去，消耗 HCl 溶液体积为 V_1。反应式如下：

$$NaOH+HCl = NaCl+H_2O$$

$$Na_2CO_3+HCl = NaHCO_3+NaCl$$

然后在试液中再加甲基橙指示剂，继续用 HCl 标准滴定溶液滴定至溶液由黄色变为橙色，消耗 HCl 溶液体积为 V_2，反应式为：

$$NaHCO_3+HCl = NaCl+H_2O+CO_2\uparrow$$

三、实验试剂

HCl 标准滴定溶液 $c(HCl)=0.1mol\cdot L^{-1}$；

甲基橙指示液（$1g\cdot L^{-1}$）；

酚酞指示液（$2g\cdot L^{-1}$）。

四、实验步骤

准确称取 1.5～2.0g 碱样于 250mL 烧杯中，加水使之溶解后，定量转入 250mL 容量瓶中，用水稀释至刻度，充分摇匀。

用移液管移取 25.00mL 试液于锥形瓶中，加酚酞指示液 2 滴，用 $0.1mol\cdot L^{-1}$ 的 HCl 标准滴定溶液滴定至溶液由红色恰好变为无色，记下 HCl 溶液用量 V_1，再加入甲基橙指示液 1～2 滴，继续用 HCl 标准滴定溶液滴定至溶液由黄色变为橙色。记下 HCl 溶液用量 V_2（即终点读数减去 V_1）。平行测定三次。

根据 V_1、V_2 判断混合碱组成，并计算各组分的含量。

五、实验数据计算

1. 当 $V_1>V_2$ 时，混合碱组成为 NaOH 和 Na_2CO_3 的混合物；

$$w(\text{NaOH})=\frac{c(\text{HCl})\cdot(V_1-V_2)\cdot M(\text{NaOH})}{m\times\frac{25}{250}}\times100\%$$

$$w(\text{Na}_2\text{CO}_3)=\frac{c(\text{HCl})\cdot V_2\cdot M(\text{Na}_2\text{CO}_3)}{m\times\frac{25}{250}}\times100\%$$

2. 当 $V_1<V_2$ 时，混合碱组成为 Na_2CO_3 和 $NaHCO_3$ 的混合物。

$$w(\text{Na}_2\text{CO}_3)=\frac{c(\text{HCl})\cdot V_1\cdot M(\text{Na}_2\text{CO}_3)}{m\times\frac{25}{250}}\times100\%$$

$$w(\text{NaHCO}_3)=\frac{c(\text{HCl})\cdot(V_2-V_1)\cdot M(\text{NaHCO}_3)}{m\times\frac{25}{250}}\times100\%$$

式中 $c(HCl)$——HCl 标准滴定溶液的浓度，$mol\cdot L^{-1}$；

V_1——酚酞指示终点时消耗 HCl 标准滴定溶液的体积，L；

V_2——甲基橙指示终点时消耗 HCl 标准滴定溶液的体积，L；

m——试样的质量，g；

$M(NaOH)$——NaOH 的摩尔质量，$g\cdot mol^{-1}$；

$M(Na_2CO_3)$——Na_2CO_3 的摩尔质量，$g\cdot mol^{-1}$；

$M(NaHCO_3)$——$NaHCO_3$ 的摩尔质量，$g\cdot mol^{-1}$。

六、思考题

1. 取等体积的同一混合碱试液两份，一份加酚酞指示液，另一份加甲基橙指示液，分别用 HCl 标准滴定液滴定，怎样确定 NaOH 和 Na_2CO_3 或 Na_2CO_3 和 $NaHCO_3$ 所用 HCl 溶液的量？

2. 若用双指示剂法测定烧碱中各组分的含量，总碱度用 NaOH%表示，应如何进行计算？

3. 若采用双指示剂法测定同一份溶液时出现下列情况，则混合碱的组成是什么？

(1) $V_1=0$，$V_2>0$；(2) $V_1>0$，$V_2=0$；(3) $V_1=V_2>0$

4. 称取混合碱试样时应注意什么？

实验九　氨水中氨含量的测定

一、实验目的

1. 掌握挥发性液体试样的称量方法。
2. 掌握返滴定法测氨水中氨含量的操作方法。

二、实验原理

氨易挥发，称取氨水试样时，宜选用安瓿或具塞轻体锥形瓶。测定时，将试样注入过量 H_2SO_4 标准滴定溶液中，以甲基红为指示剂，用 NaOH 标准滴定溶液滴定剩余 H_2SO_4，终点由红色变为黄色。

$$2NH_3+H_2SO_4 = (NH_4)_2SO_4$$

$$H_2SO_4+2NaOH = Na_2SO_4+2H_2O$$

三、实验仪器和试剂

1. 仪器：安瓿、酒精灯、具塞轻体锥形瓶。
2. 试剂：

NaOH 标准滴定溶液 $c(NaOH)=1mol \cdot L^{-1}$；

H_2SO_4 标准滴定溶液 $c(H_2SO_4)=0.5mol \cdot L^{-1}$；

甲基红指示液（$1g \cdot L^{-1}$）：0.1g 甲基红溶于乙醇，用乙醇稀释至 100mL。

四、实验步骤

将已准确称量的安瓿放在酒精灯上微微加热，稍冷，吸入约 1.2～2mL 氨水试样，用滤纸将毛细管口擦干，在酒精灯上加热封口，再准确称取其质量，然后将安瓿放入已盛有 40.00～50.00mL 的 $0.5mol \cdot L^{-1}$ H_2SO_4 标准滴定溶液的磨口具塞锥形瓶中，塞紧后用力振荡使安瓿破碎（必要时可用玻璃棒捣碎）。用洗瓶冲洗瓶塞及瓶内壁，摇匀，加两滴甲基红指示液，用 $1mol \cdot L^{-1}$ 的 NaOH 标准滴定溶液滴定至溶液由红色变为黄色为终点，记录消耗 NaOH 标准滴定溶液的体积。平行测定 2～3 次。

五、实验数据计算

$$w(NH_3)=\frac{2[c(H_2SO_4)V(H_2SO_4)-\frac{1}{2}c(NaOH)V(NaOH)]\cdot M(NH_3)}{m}\times 100\%$$

式中　$c(NaOH)$——NaOH 标准滴定溶液的浓度，$mol \cdot L^{-1}$；

$V(NaOH)$——滴定时消耗 NaOH 标准滴定溶液的体积，L；

$c(H_2SO_4)$——H_2SO_4 标准滴定溶液的浓度，$0.5mol \cdot L^{-1}$；

$V(H_2SO_4)$——加入 H_2SO_4 标准滴定溶液的体积，0.04000～0.05000L；

m——氨水试样的质量，g；

$M(NH_3)$——NH_3 的摩尔质量，$g \cdot mol^{-1}$。

六、思考题

1. 使用安瓿称样时应注意什么？
2. 若用玻璃棒捣碎安瓿，取出玻璃棒时应如何处理？
3. 在安瓿捣碎摇匀试液后，加甲基红指示液后出现黄色，说明什么？

实验十　工业硫酸的测定

一、实验目的

1. 掌握工业硫酸纯度的测定方法。
2. 掌握称量液体试样的方法。
3. 掌握混合指示剂的使用。
4. 熟练掌握容量瓶及移液管的使用方法。

二、实验原理

工业硫酸可用 NaOH 标准滴定溶液直接滴定，反应式为：

$$2NaOH + H_2SO_4 = Na_2SO_4 + 2H_2O$$

指示剂可用甲基红-亚甲基蓝混合指示液，终点由红紫色变为灰绿色。

三、实验试剂

NaOH 标准滴定溶液 $c(NaOH)=0.1mol \cdot L^{-1}$；

甲基红-亚甲基蓝混合指示液：甲基红乙醇溶液（$1g \cdot L^{-1}$）与亚甲基蓝乙醇溶液（$1g \cdot L^{-1}$）按 2∶1 体积比混合。

四、实验步骤

用胶帽滴瓶按减量法准确称取工业硫酸试样 1.5～2.0g（30～40 滴），放入预先装有 100mL 水的 250mL 容量瓶中，手摇冷却至室温，用水稀释至刻度，再充分摇匀。

用移液管从容量瓶中移取 25.00mL 试液，置于锥形瓶中，加两滴混合指示液，以 $c(NaOH)=0.1mol \cdot L^{-1}$ 的 NaOH 标准滴定溶液滴定至溶液由红紫色变为灰绿色为终点。平行测定 3 次。

计算硫酸的百分含量及实验的精密度。

五、实验数据计算

$$w(H_2SO_4)=\frac{\frac{1}{2}\times c(NaOH)\cdot V(NaOH)\cdot M(H_2SO_4)}{m\times\frac{25}{250}}\times 100\%$$

式中　$c(NaOH)$——NaOH 标准滴定溶液的浓度，$mol \cdot L^{-1}$；

$V(NaOH)$——滴定时消耗 NaOH 标准滴定溶液的体积，L；

m——H_2SO_4 试样的质量，g；

$M(H_2SO_4)$——H_2SO_4 的摩尔质量，$g \cdot mol^{-1}$。

六、思考题

1. 用胶帽滴瓶称量硫酸试样时应注意什么？

2. 称取硫酸试样时，为什么先在容量瓶中放一些水，再注入硫酸试样？

3. 用移液管移取配好的硫酸试液前，为什么要润洗移液管？承接硫酸试液的锥形瓶，是否也要先用试液润洗？为什么？

实验十一　工业乙酸含量的测定（设计实验）

一、实验目的

1. 巩固所学基础理论知识、基本操作技能和基本实验方法。

2. 考查学生独立设计实验方案、滴定分析操作的掌握情况及分析结果的准确度。

二、实验要求

1. 设计实验原理（反应式、滴定方式、测定方法、指示剂的选择、滴定终点的确定）。

2. 实验所需仪器（规格、数量）。

3. 实验所需试剂（规格、浓度及配制方法、用量多少）。

4. 实验步骤（取样量和取样方法、试样的处理、制备标准滴定溶液、指示剂的加入、滴定终点颜色等）。

5. 实验原始记录。

6. 实验数据处理（分析结果的计算公式、计算过程、平均值的偏差等）。

7. 实验问题讨论（实验注意事项、引入误差的因素）。

8. 学生在实验前写好实验设计方案，由教师审阅批准后，方可进行实验。

9. 实验结束后要完成实验报告。

三、提示

1. 工业乙酸浓度大，需要稀释后再滴定。
2. 稀释前先估算取样体积。

实验十二 铵盐纯度的测定（甲醛法）

一、实验目的

1. 掌握甲醛法测定铵盐的方法。
2. 掌握铵盐含量的计算方法。

二、实验原理

常见的铵盐，如硫酸铵、氯化铵、硝酸铵是强酸弱碱盐，虽然NH_4^+具有酸性，但由于$c \cdot K_a < 10^{-8}$，所以不能直接滴定。生产和实验室中常采用甲醛法测定铵盐的含量。首先，甲醛与铵盐反应，生成$(CH_2)_6N_4H^+$和H^+，然后，以酚酞为指示液，用NaOH标准溶液滴定至浅粉红色30s不褪色即为终点。其反应式为：

$$4NH_4^+ + 6HCHO = (CH_2)_6N_4H^+ + 3H^+ + 6H_2O$$

$$(CH_2)_6N_4H^+ + 3H^+ + 4OH^- = (CH_2)_6N_4 + 4H_2O$$

三、实验试剂

NaOH标准滴定溶液$c(NaOH) = 0.1mol \cdot L^{-1}$；

酚酞指示液（$10g \cdot L^{-1}$）；

中性甲醛溶液（1＋1）：取市售40%甲醛的上层清液于烧杯中，用水稀释一倍，加入1～2滴酚酞指示液，用$0.1mol \cdot L^{-1}$的NaOH标准溶液滴定至溶液呈浅粉色，再用未中和的甲醛滴至刚好无色。

四、实验步骤

准确称取硝酸铵样品2.0～3.0g（若是硫酸铵，称样量应先估算)，放入 100mL 烧杯中，加 30mL 水溶解。将溶液定量转移至 250mL 容量瓶中，用水稀释至刻度，摇匀。

用移液管吸取上述试液 25.00mL 至锥形瓶中，加 5mL 中性甲醛溶液，摇匀，放置 1min。在溶液中加 2 滴酚酞指示液，用 $c(NaOH)=0.1mol \cdot L^{-1}$ 的 NaOH 标准滴定溶液滴定至溶液呈浅粉红色 30s 不褪即为终点。平行测定 3 次。

五、实验数据计算

$$w(NH_4NO_3)=\frac{c(NaOH) \cdot V(NaOH) \cdot M(NH_4NO_3)}{m}\times 100\%$$

式中 $c(NaOH)$——NaOH 标准滴定溶液的浓度，$mol \cdot L^{-1}$；

$V(NaOH)$——滴定时消耗 NaOH 标准滴定溶液的体积，L；

m——试样的质量，g；

$M(NH_4NO_3)$——NH_4NO_3 的摩尔质量，$g \cdot mol^{-1}$。

六、思考题

1. 为什么甲醛要先用 NaOH 中和？如未中和对分析结果有何影响？

2. NH_4HCO_3 或 NH_4Cl 溶于水后，能否用 NaOH 溶液直接滴定？为什么？

实验十三　硼酸纯度的测定（强化法）

一、实验目的

掌握强化法测定硼酸的原理和方法。

二、实验原理

硼酸是很弱的酸 $K_a=5.7\times 10^{-10}$，不能用 NaOH 标准滴定溶液直接滴定。硼酸与甘油作用生成甘油硼酸，其酸性增强 $K_a=8.4\times 10^{-6}$，可以用 NaOH 溶液滴定，反应如下：

$$2\begin{array}{l}H_2C-OH\\ \quad |\\ HC-OH\\ \quad |\\ H_2C-OH\end{array}+H_3BO_3 = H\left[\begin{array}{ccccc}H_2C-O & & & & O-CH_2\\ | & \searrow & & \swarrow & |\\ & & B & & \\ | & \swarrow & & \nwarrow & |\\ HC-O & & & & O-CH\\ | & & & & |\\ H_2C-OH & & & & HO-CH_2\end{array}\right]+3H_2O$$

$$H\left[\begin{array}{ccccc}H_2C-O & & & & O-CH_2\\ | & \searrow & & \swarrow & |\\ & & B & & \\ | & \swarrow & & \nwarrow & |\\ HC-O & & & & O-CH\\ | & & & & |\\ H_2C-OH & & & & HO-CH_2\end{array}\right]+NaOH = Na\left[\begin{array}{ccccc}H_2C-O & & & & O-CH_2\\ | & \searrow & & \swarrow & |\\ & & B & & \\ | & \swarrow & & \nwarrow & |\\ HC-O & & & & O-CH\\ | & & & & |\\ H_2C-OH & & & & HO-CH_2\end{array}\right]+H_2O$$

用酚酞作指示液，终点为浅粉红色。

三、实验试剂

NaOH 标准滴定溶液 $c(NaOH)=0.1mol \cdot L^{-1}$；

酚酞指示液（$10g \cdot L^{-1}$）；

甘油；

硼酸试样。

四、实验步骤

1. 量取甘油 40mL，与水按 1+1 体积比混合，用胶帽滴管吸取一管保留。在混合液中加 2 滴酚酞，用 NaOH 溶液（$0.01mol \cdot L^{-1}$）滴定至浅粉红色。再用滴管中的甘油混合液滴至恰好无色，备用。

2. 准确称取硼酸试样 0.2～0.3g，置锥形瓶中，加 20mL 中性甘油混合液（可微热促使试样溶解后，冷却），再加 2 滴酚酞指示液，用 $c(NaOH)=0.1mol \cdot L^{-1}$ 的 NaOH 标准滴定溶液滴定至溶液呈浅粉红色，再加 3mL 甘油混合液，粉红色不消失即为终点，否则继续滴定，再加甘油混合液，反复操作至粉红色 30s 不消失为止。平行测定 2～3 次。

五、实验数据计算

$$w(H_3BO_3)=\frac{c(NaOH) \cdot V(NaOH) \cdot M(H_3BO_3)}{m}\times 100\%$$

式中　$c(NaOH)$——NaOH 标准滴定溶液的浓度，$mol \cdot L^{-1}$；

$V(NaOH)$——滴定时消耗 NaOH 标准滴定溶液的体积，L；

m——试样的质量，g；

$M(H_3BO_3)$——H_3BO_4 的摩尔质量，$g \cdot mol^{-1}$。

六、思考题

1. 硼酸能否直接用 NaOH 滴定？为什么？
2. 哪些物质能够使硼酸强化？
3. 强化硼酸用的甘油为何先用 NaOH 溶液中和？
4. NaOH 溶液滴定甘油硼酸至终点，再加少许中性甘油，若粉红色消失，说明什么？下一步应如何进行？

实验十四　乙酸钠含量的测定（非水滴定法）

一、实验目的

掌握弱碱性物质 NaAc 的非水滴定原理和方法。

二、实验原理

高氯酸在冰乙酸溶剂中表现为强酸，可用来制备标准滴定溶液测定碱性物质。市售高氯酸含 70%～72%的 $HClO_4$、约 28%～30%的水分，密度为 $1.75g \cdot mL^{-1}$。因此在配制 $HClO_4$ 标准滴定溶液时，应按含量、密度计算所需高氯酸的量，并用乙酸酐除去水分。

乙酸钠在水溶液中是一种很弱的碱，$K_b = 5.6 \times 10^{-10}$，不能直接滴定。若以冰乙酸为溶剂，NaAc 的碱性增强 $K_b = 2.1 \times 10^{-7}$，可以用 $HClO_4$ 冰乙酸溶液滴定，结晶紫作指示剂，终点为蓝绿色。反应如下：

$$HClO_4 + HAc = H_2Ac^+ + ClO_4^-$$

$$NaAc + ClO_4^- = NaClO_4 + Ac^-$$

$$H_2Ac^+ + Ac^- = 2HAc$$

总反应式

$$HClO_4 + NaAc \longrightarrow NaClO_4 + HAc$$

三、实验仪器和试剂

1. 仪器：150mL 锥形瓶；25mL 滴定管。

2. 试剂：

$HClO_4$ 标准滴定溶液 $c(HClO_4)=0.1mol \cdot L^{-1}$；

冰乙酸；

结晶紫（$5g \cdot L^{-1}$冰乙酸溶液）。

四、实验步骤

1. $HClO_4$ 标准滴定溶液的配制

量取 8.5mL $HClO_4$，在搅拌下注入 500mL 冰乙酸中，混匀。在室温下滴加 20mL 乙酸酐，搅拌至溶液均匀。冷却后，用冰乙酸稀释至 1000mL，摇匀备用。此溶液浓度 $c(HClO_4)=0.1mol \cdot L^{-1}$。

2. $HClO_4$ 标准滴定溶液的标定

准确称取 0.6g 于 105～110℃烘至恒重的基准邻苯二甲酸氢钾，置于干燥锥形瓶中，加入 50mL 冰乙酸，温热溶解。加 2～3 滴结晶紫指示剂，用配好的高氯酸溶液［$c(HClO_4)=0.1mol \cdot L^{-1}$］滴定至溶液由紫色变为蓝色（微带紫色），记录高氯酸-冰乙酸溶液的体积。

3. 乙酸钠含量的测定

准确称取无水乙酸钠试样 0.15g，置于干燥的锥形瓶中，加入 20mL 冰乙酸，温热溶解。冷却至室温，加 1～2 滴结晶紫指示剂，用上述 $0.1mol \cdot L^{-1}$的 $HClO_4$ 标准滴定溶液滴定至溶液由紫色变为蓝绿色为终点。平行测定 2～3 次。

五、实验数据计算

1. 高氯酸-冰乙酸标准滴定溶液的浓度

$$c(HClO_4)=\frac{m(KHC_8H_4O_4)}{M(KHC_8H_4O_4)\cdot V(HClO_4)}$$

式中　$c(HClO_4)$——高氯酸-冰乙酸标准滴定溶液的浓度，$mol\cdot L^{-1}$；

$m(KHC_8H_4O_4)$——基准物邻苯二甲酸氢钾的质量，g；

$M(KHC_8H_4O_4)$——基准物邻苯二甲酸氢钾的摩尔质量，$g\cdot mol^{-1}$；

$V(HClO_4)$——滴定消耗高氯酸-冰乙酸标准滴定溶液的体积，L。

2. 乙酸钠含量

$$w(NaAc)=\frac{c(HClO_4)\cdot V(HClO_4)\cdot M(NaAc)}{m}\times100\%$$

式中　$c(HClO_4)$——高氯酸-冰乙酸标准滴定溶液的浓度，$mol\cdot L^{-1}$；

$V(HClO_4)$——滴定消耗高氯酸-冰乙酸标准滴定溶液的体积，L；

$M(NaAc)$——NaAc 的摩尔质量，$g\cdot mol^{-1}$；

m——NaAc 试样的质量。

六、思考题

1. NaAc 水溶液的 pK_b 与在冰乙酸溶液中的 pK_b 是否相同？能否在水中直接滴定 NaAc？为什么？

2. 本实验使用的溶剂冰醋酸，在滴定中起什么作用？

3. 非水滴定测定 NaAc 应选何种指示剂？终点颜色如何变化？

实验十五　苯胺纯度测定（非水滴定法）

一、实验目的

掌握苯胺纯度测定的基本原理和方法。

二、实验原理

苯胺为弱碱 $K_b=4.6\times10^{-10}$，在冰乙酸溶剂中，可以用高氯酸-冰乙酸标准滴定溶液直接滴定，结晶紫为指示剂，终点颜色为蓝绿色。反应如下：

$$C_6H_5NH_2 + HClO_4 \longrightarrow C_6H_5NH_3^+ + ClO_4^-$$

三、实验仪器和试剂

1. 仪器：150mL 锥形瓶；25mL 滴定管。

2. 试剂：

$HClO_4$ 标准滴定溶液 $c(HClO_4)=0.1mol \cdot L^{-1}$；

冰乙酸；

结晶紫（$5g \cdot L^{-1}$冰乙酸溶液）。

四、实验步骤

先将 30mL 冰乙酸置于干燥的锥形瓶中，加 2 滴结晶紫指示剂，用 $0.1mol \cdot L^{-1}$ 的 $HClO_4$ 标准滴定溶液滴定至恰为蓝绿色。准确称取苯胺试样 0.1g，放入该锥形瓶中，摇匀后，用 $HClO_4$ 标准滴定溶液滴定至紫色变为蓝绿色即为终点。平行测定 2～3 次。

计算苯胺的含量。

五、实验数据计算

$$w(C_6H_5NH_2)=\frac{c(HClO_4) \cdot V(HClO_4) \cdot M(C_6H_5NH_2)}{m} \times 100\%$$

式中 $c(HClO_4)$——高氯酸-冰乙酸标准滴定溶液的浓度，$mol \cdot L^{-1}$；

$V(HClO_4)$——滴定消耗高氯酸-冰乙酸标准滴定溶液的体积，L；

$M(C_6H_5NH_2)$——$C_6H_5NH_2$ 的摩尔质量，$g \cdot mol^{-1}$；

m——苯胺试样的质量。

六、思考题

1. 称样前，为什么要在盛有冰乙酸及指示剂的锥形瓶中先用 $HClO_4$ 标准滴定溶液滴定至蓝绿色？此步消耗的体积是否要计入滴定苯胺中？

2. 写出苯胺与 $HClO_4$ 的反应实质。

第二节　配位滴定法

实验十六　EDTA 标准滴定溶液的制备

一、实验目的

1. 掌握 EDTA 溶液的配制和标定方法、标定原理。
2. 掌握铬黑 T 指示剂的应用条件和终点颜色的变化。

二、实验原理

EDTA 制成溶液后，可用 ZnO 基准物标定。当用缓冲溶液控制溶液酸度为 pH＝10 时，EDTA 可与 Zn^{2+} 反应生成稳定的配合物。铬黑 T 为指示剂，终点由酒红色变为纯蓝色。反应如下：

$$HIn^{2-} + Zn^{2+} = ZnIn^{-} + H^{+}$$

$$Zn^{2+} + H_2Y^{2-} = ZnY^{2-} + 2H^{+}$$

$$ZnIn^{-} + H_2Y^{2-} = ZnY^{2-} + HIn^{2-} + H^{+}$$

三、实验试剂

EDTA 二钠盐（分析纯）；

氧化锌（基准物）：于 800℃灼烧至恒重；

HCl（20％）：量取 504mL 浓 HCl，稀释至 1000mL；

氨水（10％）：量取 400mL 氨水，稀释至 1000mL；

NH_3-NH_4Cl 缓冲溶液（pH＝10）：称取 54.0g NH_4Cl，溶于 200mL 水中，加 350mL 氨水，用水稀释至 1000mL，摇匀；

铬黑 T（$5g \cdot L^{-1}$）：称取 0.5g 铬黑 T 和 2.0g 盐酸羟胺，溶于乙醇，用乙醇稀释至 100mL，摇匀（使用前新配）。

四、实验步骤

1. EDTA 标准滴定溶液 $c(\text{EDTA}) = 0.02\text{mol} \cdot L^{-1}$ 的配制

称取 EDTA 二钠盐 7.5g，溶于 200mL 水中，加热促其溶解，冷却至室温用水稀释至 1L，摇匀备用。

2. 标定

准确称取 0.4g 已恒重的基准 ZnO，放入 100mL 烧杯中，用少量水润湿，滴加浓 HCl 至 ZnO 全部溶解（约 1～2mL）。加入 25mL 水，定量转移入 250mL 容量瓶中，用水稀释至刻度，摇匀。用移液管吸取上述溶液 25.00mL 置于锥形瓶中，加 50mL 水，滴加（1+1）氨水至刚出现白色浑浊（此时溶液的 pH 值应为 7～8），再加 10mL NH_3-NH_4Cl 缓冲溶液及 4 滴铬黑 T 指示液，用 EDTA 标准滴定溶液滴定，由酒红色变为纯蓝色为终点。平行测定 3 次。

五、实验数据计算

$$c(\mathrm{EDTA})=\frac{m(\mathrm{ZnO})\times\frac{25}{250}}{M(\mathrm{ZnO})\cdot V(\mathrm{EDTA})}$$

式中 $c(\mathrm{EDTA})$——EDTA 标准滴定溶液的浓度，$\mathrm{mol\cdot L^{-1}}$；

$V(\mathrm{EDTA})$——滴定时消耗 EDTA 标准滴定溶液的体积，L；

$m(\mathrm{ZnO})$——基准物 ZnO 的质量，g；

$M(\mathrm{ZnO})$——ZnO 的摩尔质量，$\mathrm{g\cdot mol^{-1}}$。

六、思考题

1. 加氨缓冲溶液的目的是什么？
2. 铬黑 T 指示剂最适用的 pH 范围是什么？
3. 用氨水调节 pH 值时，先出现白色沉淀，后又溶解，解释现象并写出反应式。

实验十七 自来水总硬度的测定

一、实验目的

1. 掌握配位滴定法测定水中硬度的原理和方法。

2. 掌握钙指示剂的应用条件和终点颜色判断。

3. 了解水硬度的表示方法，掌握计算方法。

二、实验原理

水的总硬度一般是指水中钙、镁的总量。用氨-氯化铵缓冲溶液控制水试样 pH＝10，以铬黑 T 为指示剂，用 EDTA 标准滴定溶液直接滴定 Ca^{2+} 和 Mg^{2+}，终点为纯蓝色。

用 NaOH 调节水试样 pH＝12，Mg^{2+} 形成 $Mg(OH)_2$ 沉淀，用 EDTA 标准滴定溶液可滴定 Ca^{2+}，钙指示剂在终点时由红色变为蓝色。

镁硬度则可由总硬度与钙硬度之差求得。

三、实验试剂

EDTA 标准滴定溶液 $c(EDTA)=0.02mol \cdot L^{-1}$；

铬黑 T 指示液（$5g \cdot L^{-1}$）；

钙指示剂：钙指示剂 1.0g 与固体 NaCl（干燥、研细）100g 混合均匀。临用前配制；

NH_3-NH_4Cl 缓冲溶液（pH＝10）；

HCl（20%）；

NaOH 溶液 $c(NaOH)=4mol/L$：160g 固体 NaOH 溶于 500mL 水中，冷却至室温，稀释至 1000mL；

刚果红试纸。

四、实验步骤

1. 总硬度的测定

用移液管移取水样 100.00mL 于 250mL 锥形瓶中，加入 NH_3-NH_4Cl 缓冲溶液 5mL，铬黑 T 指示液 3～4 滴，然后用 EDTA 标准滴定溶液滴定至溶液由酒红色变成纯蓝色，即为终点。记录消耗 EDTA 标准滴定溶液的体积 V_1。平行测定 3 次。

2. 钙硬度的测定

用移液管移取水样 100.00mL 于 250mL 锥形瓶中，加入刚果红试纸一小块，加入（1＋1）HCl 1～2 滴，至试纸变蓝紫色为止，煮沸 2～3min，冷却至 40～50℃，加入 4mol·L^{-1} 的 NaOH 溶液 4mL，再加少量钙指示剂，用 EDTA 标准滴定溶液滴定至溶液由红色变成蓝色，即为终点。记录消耗 EDTA 标准滴定溶液的体积 V_2。平行测定 3 次。

五、实验数据计算

1. 总硬度

$$CaCO_3(mg/L)=\frac{c(EDTA)\cdot V_1\cdot M(CaCO_3)}{V}\times 1000$$

$$度(°)=\frac{c(EDTA)\cdot V_1\cdot M(CaO)}{m\times 10}\times 1000$$

2. 钙硬度

$$CaCO_3(mg/L)=\frac{c(EDTA)\cdot V_2\cdot M(CaCO_3)}{V}\times 1000$$

3. 镁硬度＝总硬度－钙硬度

式中 $c(EDTA)$——EDTA 标准滴定溶液的浓度，mol·L^{-1}；

V_1——测定总硬度时消耗 EDTA 标准滴定溶液的体积，L；

V_2——测定钙硬度时消耗 EDTA 标准滴定溶液的体积，L；

V——所取水样体积，L；

$M(CaCO_3)$——$CaCO_3$ 的摩尔质量，g·mol^{-1}；

$M(CaO)$——CaO 的摩尔质量，g·mol^{-1}。

六、思考题

1. 说明 EDTA 法测水的总硬度和钙硬度的基本原理，试液控制的酸度范围，选用的指示剂及终点颜色变化。

2. 水的硬度有哪几种表示方法？

3. 用 EDTA 滴定法测定水的硬度时，哪些离子存在干扰？如何清除？

4. 测定水总硬度时，何种情况下需加三乙醇胺溶液和 Na_2S 溶液？起什么作用？

5. 若某试液中仅有 Ca^{2+}，能否用铬黑 T 作指示剂？如果可以，说明测定方法。

实验十八　镍盐中镍含量的测定

一、实验目的

1. 掌握 EDTA 返滴定法测定镍含量的原理和方法。
2. 掌握 PAN 指示剂的应用条件及终点颜色的判断。

二、实验原理

在 Ni^{2+} 溶液中，加入一定量过量 EDTA 标准滴定溶液，在 pH=5 时煮沸溶液，使 Ni^{2+} 与 EDTA 完全配位。过量的 EDTA 用 $CuSO_4$ 标准滴定溶液返滴定，以 PAN 为指示剂，滴定终点时溶液由绿色变为蓝紫色。其反应为：

$$Ni^{2+} + H_2Y^{2-} \longrightarrow NiY^{2-} + 2H^+$$

$$Cu^{2+} + H_2Y^{2-} \longrightarrow \underset{\text{(蓝色)}}{CuY^{2-}} + 2H^+$$

$$\underset{\text{(黄色)}}{PAN} + Cu^{2+} \longrightarrow \underset{\text{(红色)}}{Cu\text{-}PAN}$$

三、实验试剂

EDTA 标准滴定溶液 $c(EDTA) = 0.02mol \cdot L^{-1}$；

氨水（1+1）；

H_2SO_4（20%）：量取 128mL 硫酸，缓缓注入约 700mL 水中，冷却，稀释至 1000mL；

$HAc\text{-}NH_4Ac$ 缓冲溶液：称取乙酸铵 20g，以适量水溶解，加 HAc（1+1）5mL，稀释至 100mL；

PAN 指示液（$2g \cdot L^{-1}$）：0.2g PAN 溶于乙醇中，并用乙醇

稀释至100mL；

$CuSO_4 \cdot 5H_2O$ 固体（A. R.）；

刚果红试纸；

镍盐试样。

四、实验步骤

1. $CuSO_4$ 溶液的配制 $c(CuSO_4)=0.02mol \cdot L^{-1}$

称取 $CuSO_4 \cdot 5H_2O$ 1.25g，溶于少量20% H_2SO_4 溶液中（约10mL），移入250mL容量瓶中，用水稀释至刻度，摇匀，待标定。

2. $CuSO_4$ 溶液的标定（比较法）

从滴定管中放出25.00mL $c(EDTA)=0.02mol \cdot L^{-1}$ EDTA标准滴定溶液于锥形瓶中，加50mL水、20mL HAc-NH_4Ac缓冲溶液。煮沸，取下后立即加入10滴PAN指示液，迅速用$CuSO_4$溶液滴定至溶液呈蓝紫色为终点。平行测定两次。计算$CuSO_4$溶液的浓度。

3. 镍盐的测定

准确称取镍盐试样（相当于含镍量在30mg以下），放入小烧杯中，加50mL水溶解并定量转移入100mL容量瓶中，稀释至刻度，摇匀。

用移液管吸取10mL，放入锥形瓶中，加入 $c(EDTA)=0.02mol \cdot L^{-1}$的EDTA标准溶液30.00mL，用（1+1）氨水调节溶液，至刚果红试纸变红，加HAc-NH_4Ac缓冲溶液20mL，煮沸，取下立即加入PAN指示液10滴，迅速用$CuSO_4$标准滴定溶液滴定至溶液变成蓝紫色即为终点。平行测定3次。

4. 直接滴定法测定镍盐含量——国标方法

准确称取镍盐试样（硫酸镍）0.5g，放入锥形瓶中，加70mL水溶解，再加10mL NH_3-NH_4Cl缓冲溶液（pH=10）及0.2g紫脲酸铵混合指示剂（1.0g与200.0g干燥NaCl混合研细），摇匀，用 $c(EDTA)=0.05mol \cdot L^{-1}$ EDTA标准滴定溶液滴定至溶液呈蓝紫色即为终点。

五、实验数据计算

1. 硫酸铜溶液浓度

$$c(CuSO_4)=\frac{c(EDTA)\cdot V(EDTA)}{V(CuSO_4)}$$

式中　$c(CuSO_4)$—— $CuSO_4$ 标准滴定溶液的浓度，$mol\cdot L^{-1}$；

$c(EDTA)$——EDTA 标准溶液的浓度，$mol\cdot L^{-1}$；

$V(EDTA)$——滴定时所取 EDTA 标准溶液的体积，L；

$V(CuSO_4)$——标定时消耗 $CuSO_4$ 标准滴定溶液的体积，L。

2. 镍含量

$$w(Ni)=\frac{[c(EDTA)\cdot V(EDTA)-c(CuSO_4)\cdot V(CuSO_4)]\cdot M(Ni)}{m\times\frac{10}{100}}\times 100\%$$

式中　$c(EDTA)$——EDTA 标准溶液的浓度，$mol\cdot L^{-1}$；

$V(EDTA)$——测定时加入 EDTA 标准溶液的体积，L；

$c(CuSO_4)$——$CuSO_4$ 标准滴定溶液的浓度，$mol\cdot L^{-1}$；

$V(CuSO_4)$——滴定时消耗 $CuSO_4$ 标准滴定溶液的体积，L；

m——试样的质量，g；

$M(Ni)$—— Ni 的摩尔质量，$g\cdot mol^{-1}$。

六、思考题

1. 用 EDTA 法测定镍的含量，为什么要采用返滴定法？

2. 试液加 EDTA 溶液后，为什么用氨水调节试液使刚果红试纸变红，此时 pH 值是多少？

3. 加 EDTA、调节酸度及加缓冲溶液后，为什么要煮沸且迅速用 $CuSO_4$ 溶液滴定？

4. 以此实验为例，说明 PAN 指示的作用原理？

5. 试写出直接滴定法测定镍盐含量——国标方法的计算公式。

实验十九　铅、铋混合物中 Pb^{2+}、Bi^{3+} 含量的连续测定

一、实验目的

1. 掌握控制溶液酸度，用 EDTA 连续滴定铋、铅两种金属离子的原理和方法。

2. 掌握二甲酚橙指示剂的颜色变化（与前实验进行比较）。

二、实验原理

Bi^{3+}、Pb^{2+} 均能与 EDTA 形成稳定的配合物，其稳定常数分别为 $\lg K_{BiY}=27.94$，$\lg K_{PbY}=18.04$，两者差值较大。因此可利用酸效应，控制不同的酸度，用 EDTA 连续滴定 Bi^{3+} 和 Pb^{2+}。通常，先调节酸度 pH＝1，滴定 Bi^{3+}；再调节至 pH＝5～6，滴定 Pb^{2+}。反应如下：

$$Bi^{3+} + H_2Y^{2-} = BiY^{-} + 2H^{+}$$

$$Pb^{2+} + H_2Y^{2-} = PbY^{2-} + 2H^{+}$$

在测定时均以二甲酚橙作指示剂，终点由紫红色变为黄色。

三、实验试剂

EDTA 标准滴定溶液 $c(\text{EDTA})=0.02\text{mol}\cdot\text{L}^{-1}$；

二甲酚橙指示剂（$2\text{g}\cdot\text{L}^{-1}$）；

六亚甲基四胺缓冲溶液（$200\text{g}\cdot\text{L}^{-1}$）；

HNO_3（$2\text{mol}\cdot\text{L}^{-1}$）：量取 125mL 硝酸，稀释至 1000mL；

HCl(1＋1)；

NaOH 溶液（$2\text{mol}\cdot\text{L}^{-1}$）：称取 8g NaOH，溶于水，稀释至 100mL；

Bi^{3+}、Pb^{2+} 混合液（各约 $0.02\text{mol}\cdot\text{L}^{-1}$）：称取 $Pb(NO_3)_2$ 6.6g、$Bi(NO_3)_3$ 9.7g，放入已盛有 30mL HNO_3 的烧杯中，微热溶解后，用水稀释至 1000mL；

精密 pH 试纸。

四、实验步骤

1. Bi^{3+} 的测定

用移液管移取 25.00mL Bi^{3+}、Pb^{2+} 混合液，置于锥形瓶中，用 $2mol \cdot L^{-1}$ 的 NaOH 和 $2mol \cdot L^{-1}$ 的 HNO_3 调节试液的酸度至 pH＝1.0，然后加入 2 滴二甲酚橙指示液，这时溶液呈紫红色，用 $c(EDTA)=0.02mol \cdot L^{-1}$ 的 EDTA 标准滴定溶液滴定至溶液由紫红色变为黄色为终点。记下消耗 EDTA 溶液的体积 V_1。

2. Pb^{2+} 的测定

在滴定 Bi^{3+} 后的溶液中，滴加六亚甲基四胺缓冲溶液至溶液呈稳定的紫红色，再过量 5mL，此时溶液 pH＝5～6，继续用 EDTA标准滴定溶液滴定至溶液由紫红色变为黄色，即为终点。记下消耗 EDTA 溶液的体积 V_2。

Bi^{3+}、Pb^{2+} 平行测定 2～3 次，分别计算原始液中 Bi^{3+} 和 Pb^{2+} 的含量（$g \cdot L^{-1}$）。

五、实验数据计算

$$Bi^{3+}(g \cdot L^{-1})=\frac{c(EDTA) \cdot V_1 \cdot M(Bi)}{V}$$

$$Pb^{2+}(g \cdot L^{-1})=\frac{c(EDTA) \cdot V_2 \cdot M(Pb)}{V}$$

式中 $c(EDTA)$——EDTA 标准滴定溶液的浓度，$mol \cdot L^{-1}$；

V_1——滴定 Bi^{3+} 时消耗 EDTA 标准滴定溶液的体积，L；

V_2——滴定 Pb^{2+} 时消耗 EDTA 标准滴定溶液的体积，L；

V——所取试样的体积，L；

$M(Bi)$——Bi 的摩尔质量，$g \cdot mol^{-1}$；

$M(Pb)$——Pb 的摩尔质量，$g \cdot mol^{-1}$。

六、思考题

1. 用 EDTA 连续滴定多种金属离子的条件是什么？

2. 在 Bi^{3+}、Pb^{2+} 混合液中滴定 Bi^{3+}，为什么要控制试液 pH＝1？酸度过高或过低会有什么影响？

3. 本实验中，能否先在 pH＝5～6 的溶液中滴定 Pb^{2+}、Bi^{3+} 的含量，然后再调节溶液 pH＝1，滴定 Bi^{3+} 的含量？

第三节　氧化还原滴定法

实验二十　高锰酸钾标准滴定溶液的制备

一、实验目的

1. 掌握 $KMnO_4$ 标准滴定溶液的配制方法和保存条件。

2. 掌握用 $Na_2C_2O_4$ 基准物标定 $KMnO_4$ 溶液浓度的原理、方法和操作条件。

二、实验原理

$KMnO_4$ 在强酸性条件下，可以获得 5 个电子还原成为 Mn^{2+}，利用其氧化性，在 H_2SO_4 介质中可以与基准物 $Na_2C_2O_4$ 发生反应，以 $KMnO_4$ 为自身指示剂。其反应式为：

$$2MnO_4^- + 5C_2O_4^{2-} + 16H^+ \longrightarrow 10CO_2 + 2Mn^{2+} + 8H_2O$$

根据基准物 $Na_2C_2O_4$ 的质量及所用 $KMnO_4$ 溶液的体积，计算 $KMnO_4$ 标准溶液的浓度。

三、实验仪器和试剂

P_{16} 微孔玻璃漏斗；

固体 $KMnO_4$；

$Na_2C_2O_4$（基准物）：105～110℃烘至质量恒定；

H_2SO_4 溶液（$3mol \cdot L^{-1}$）：167mL 浓 H_2SO_4 缓慢注入水中，冷却后用水稀释至 1000mL。

四、实验步骤

1. $KMnO_4$ 标准滴定溶液 $c(KMnO_4)=0.02mol \cdot L^{-1}$ 的配制

称取 $KMnO_4$ 1.6g，溶于 520mL 水中，盖上表面皿，加热至沸，并保持微沸状态 1h，冷却后用微孔玻璃漏斗过滤，滤液放入棕色瓶中待标定。

2. $KMnO_4$ 溶液的标定

准确称取于 105～110℃烘至恒重的基准物 $Na_2C_2O_4$ 0.15～0.20g，放入 250mL 锥形瓶中，加入 50mL 水使其溶解，加 $3mol \cdot L^{-1}$ 的 H_2SO_4 溶液 15mL，加热至 75～80℃（开始冒蒸汽时的温度），趁热用 $KMnO_4$ 溶液滴定。当第一滴 $KMnO_4$ 的粉红色褪去后，再加第二滴。如此滴定至溶液呈粉红色 30s 不褪色即为终点（滴定结束时温度不应低于 60℃）。平行测定 2～3 次。

五、实验数据计算

$$c(KMnO_4)=\frac{\frac{2}{5}\times m(Na_2C_2O_4)}{M(Na_2C_2O_4)\cdot V(KMnO_4)}$$

式中 $c(KMnO_4)$——$KMnO_4$ 标准滴定溶液的浓度，$mol \cdot L^{-1}$；

$V(KMnO_4)$——滴定时消耗 $KMnO_4$ 标准滴定溶液的体积，L；

$m(Na_2C_2O_4)$——基准物 $Na_2C_2O_4$ 的质量，g；

$M(Na_2C_2O_4)$——$Na_2C_2O_4$ 的摩尔质量，$g \cdot mol^{-1}$。

六、思考题

1. 配制 $KMnO_4$ 溶液时，为什么要煮沸一定时间，再放置几天？能否用滤纸过滤？

2. 用 $Na_2C_2O_4$ 标定 $KMnO_4$ 溶液，有哪些因素影响反应速度？如何控制反应速度？

3. 高锰酸钾应放在哪种滴定管中？应怎样读数？

实验二十一　重铬酸钾标准滴定溶液的制备

一、实验目的

1. 掌握直接法配制 $K_2Cr_2O_7$ 标准滴定溶液的原理、方法及相关计算。

2. 掌握间接法配制 $K_2Cr_2O_7$ 标准滴定溶液的原理、方法及相关计算。

3. 巩固标准滴定溶液的配制方法。

二、实验原理

$K_2Cr_2O_7$ 是基准试剂，可以采用直接法配制标准滴定溶液。当采用非基准试剂 $K_2Cr_2O_7$ 时，则必须用间接法（标定法）配制。即在一定量 $K_2Cr_2O_7$ 溶液中加入过量 KI 溶液及硫酸溶液，生成的 I_2 用 $Na_2S_2O_3$ 标准滴定溶液滴定。反应为：

$$Cr_2O_7^{2-} + 6I^- + 14H^+ \longrightarrow 2Cr^{3+} + 3I_2 + 7H_2O$$

$$I_2 + 2S_2O_3^{2-} \longrightarrow 2I^- + S_4O_6^{2-}$$

以淀粉指示剂确定终点。

三、实验试剂

基准物质 $K_2Cr_2O_7$ 于 120℃烘干至恒重；

$K_2Cr_2O_7$ 固体；

KI 溶液；

H_2SO_4 溶液；

$Na_2S_2O_3$ 标准滴定溶液：$c(Na_2S_2O_3)=0.1mol \cdot L^{-1}$；

淀粉指示液（$5g \cdot L^{-1}$）。

四、实验步骤

1. 直接法配制

准确称取 $K_2Cr_2O_7$ 基准物 1.2～1.4g，置于小烧杯中，加少量水，加热溶解，定量转移至 250mL 容量瓶中，用水稀释至刻度，摇匀，计算其准确度。

2. 间接法配制

（1）配制　称取 2.5g $K_2Cr_2O_7$ 固体于烧杯中，加 200mL 水溶解，转入 500mL 试剂瓶中。每次用少量水冲洗烧杯多次，转入试剂瓶中，稀释至 500mL。

（2）标定　用滴定管准确量取 30.00～35.00mL 重铬酸钾溶液于碘量瓶中，加 2g KI 及 20mL H_2SO_4 溶液，立即盖好瓶塞，摇匀，用水封好瓶口，于暗处放置 10min。打开瓶塞，冲洗瓶塞及瓶颈，加 150mL 水，用 $c(Na_2S_2O_3)=0.1mol \cdot L^{-1}$ 的 $Na_2S_2O_3$ 标准滴定溶液滴定至浅黄色，加 3mL 淀粉指示剂，继续滴定至溶液由蓝色变为亮绿色，即为终点。记录消耗的 $Na_2S_2O_3$ 标准滴定溶液的体积，计算重铬酸钾标准滴定溶液的浓度。平行测定 3 次。

五、实验数据计算

1. 直接法配制

$$c(K_2Cr_2O_7)=\frac{m(K_2Cr_2O_7)}{M(K_2Cr_2O_7)\cdot V(K_2Cr_2O_7)}$$

式中　$c(K_2Cr_2O_7)$——$K_2Cr_2O_7$ 标准滴定溶液的浓度，$mol \cdot L^{-1}$；

$m(K_2Cr_2O_7)$——称取 $K_2Cr_2O_7$ 基准试剂的质量，g；

$M(K_2Cr_2O_7)$——$K_2Cr_2O_7$ 的摩尔质量，$g \cdot mol^{-1}$；

$V(K_2Cr_2O_7)$——$K_2Cr_2O_7$ 标准滴定溶液的体积，L。

2. 间接法配制

$$c(K_2Cr_2O_7)=\frac{\frac{1}{6}c(Na_2S_2O_3)V(Na_2S_2O_3)}{V(K_2Cr_2O_7)}$$

式中　$c(K_2Cr_2O_7)$——$K_2Cr_2O_7$ 标准滴定溶液的浓度，$mol \cdot L^{-1}$；

$c(Na_2S_2O_3)$——$Na_2S_2O_3$ 标准滴定溶液的浓度，$mol \cdot L^{-1}$；

$V(Na_2S_2O_3)$——滴定消耗 $Na_2S_2O_3$ 标准滴定溶液的体积，L；

$V(K_2Cr_2O_7)$——$K_2Cr_2O_7$ 标准滴定溶液的体积，L。

六、思考题

1. 什么规格的试剂能够直接配制 $K_2Cr_2O_7$ 标准滴定溶液？

2. 间接碘量法中水封瓶口的目的是什么？于暗处放置 10min 的目的是什么？

3. 用间接碘量法标定 $K_2Cr_2O_7$ 溶液的反应原理是什么？标定时需要注意哪些问题？

实验二十二　硫代硫酸钠标准滴定溶液的制备

一、实验目的

1. 掌握 $Na_2S_2O_3$ 溶液的配制方法。

2. 掌握间接滴定法标定 $Na_2S_2O_3$ 溶液的方法、反应原理及反应条件。

二、实验原理

硫代硫酸钠（$Na_2S_2O_3 \cdot 5H_2O$）容易风化，且含有少量杂质（如 S、Na_2SO_4、NaCl、Na_2CO_3）等，配制的溶液不稳定，易分解，因此先配制所需近似浓度的溶液，加少量 Na_2CO_3 放置一定时间，待溶液稳定后，再进行标定。

标定 $Na_2S_2O_3$ 溶液多用 $K_2Cr_2O_7$ 基准物，反应式为：

$$K_2Cr_2O_7+6KI+7H_2SO_4 = 3I_2+Cr_2(SO_4)_3+4K_2SO_4+7H_2O$$

析出的 I_2，用 $Na_2S_2O_3$ 溶液滴定：

$$I_2+2Na_2S_2O_3 = 2NaI+Na_2S_4O_6$$

以淀粉作指示剂。滴定至近终点时加淀粉指示剂，继续滴定至蓝色消失，溶液呈亮绿色为终点。

三、实验试剂

固体 $Na_2S_2O_3 \cdot 5H_2O$（A. R.）；

固体 KI（A. R.）；

基准 $K_2Cr_2O_7$；

H_2SO_4 溶液（$3mol \cdot L^{-1}$）；

淀粉溶液（$5g \cdot L^{-1}$）：称取 0.5g 可溶性淀粉，放于小烧杯中，加水 10mL 调成糊状，在搅拌下倒入 90mL 沸水中，微沸 2min，冷却。使用期为两周。若加几滴甲醛，使用期可延长数月。

四、实验步骤

1. $Na_2S_2O_3$ 标准滴定溶液 $c(Na_2S_2O_3)=0.1mol \cdot L^{-1}$ 的配制

称取 13g $Na_2S_2O_3 \cdot 5H_2O$ 及 0.1g 无水 Na_2CO_3 溶于 500mL 新煮沸过的冷蒸馏水中，混匀，贮于棕色试剂瓶中。放置两周后过滤，待标定。

2. 标定

准确称取于 120℃烘至恒重的基准 $K_2Cr_2O_7$ 0.12～0.15g，置于 500mL 碘量瓶中，加 25mL 水溶解，加 2g KI 及 15mL H_2SO_4 溶液（$3mol \cdot L^{-1}$），盖上瓶塞摇匀，瓶口可封以少量蒸馏水，于暗处放置 10min。取出，用水冲洗瓶塞和瓶壁，加 150mL 蒸馏水。用 $c(Na_2S_2O_3)=0.1mol \cdot L^{-1}$ 的 $Na_2S_2O_3$ 标准滴定溶液滴定，近终点时（溶液为浅黄绿色）加 3mL 淀粉指示液，继续滴定至溶液由蓝色变为亮绿色为终点。平行测定 2～3 次。

五、实验数据计算

$$c(Na_2S_2O_3)=\frac{6\times m(K_2Cr_2O_7)}{M(K_2Cr_2O_7)\cdot V(Na_2S_2O_3)}$$

式中 $c(Na_2S_2O_3)$——$Na_2S_2O_3$ 标准滴定溶液的浓度，$mol \cdot L^{-1}$；

$V(Na_2S_2O_3)$——滴定时消耗 $Na_2S_2O_3$ 标准滴定溶液的体积，L；

$m(K_2Cr_2O_7)$——基准物 $K_2Cr_2O_7$ 的质量，g；

$M(K_2Cr_2O_7)$——$K_2Cr_2O_7$ 的摩尔质量，$g \cdot mol^{-1}$。

六、思考题

1. 加入 KI 后为何要在暗处放置 10min?

2. 为什么不能在滴定一开始就加入淀粉指示液，而要在溶液呈黄绿色时加入? 黄绿色是什么物质的颜色?

3. 碘量法滴定到终点后溶液很快变蓝说明什么问题? 如果放置一些时间后变蓝又说明什么问题?

实验二十三　碘标准滴定溶液的制备

一、实验目的

掌握碘标准溶液的配制和标定方法。

二、实验原理

碘微溶于水，易溶于 KI 溶液中形成 I_3^-：

$$I_2 + I^- = I_3^-$$

配制成溶液后，用基准物 As_2O_3 标定。As_2O_3 难溶于水，可溶于碱溶液中，与 NaOH 反应生成亚砷酸钠，用碘溶液进行滴定。反应式为：

$$As_2O_3 + 6NaOH = 2Na_3AsO_3 + 3H_2O$$

$$Na_3AsO_3 + I_2 + H_2O = Na_3AsO_4 + 2HI$$

I_2 与 AsO_3^{3-} 反应为可逆反应。为使反应进行完全，加固体 $NaHCO_3$ 以中和反应生成的酸，保持溶液 pH=8 左右。以淀粉作指示剂，滴定至溶液恰显蓝色。

由于 As_2O_3 为剧毒物，实际工作中常用 $Na_2S_2O_3$ 标准溶液标定 I_2 溶液（比较法）。其反应式为：

$$I_2 + 2Na_2S_2O_3 = 2NaI + Na_2S_4O_6$$

三、实验试剂

固体碘；

固体 KI；

固体 $NaHCO_3$；

基准物 As_2O_3（在硫酸干燥器中干燥至恒重）；

NaOH 溶液（1mol·L^{-1}）：4g NaOH 溶于水，稀释至 100mL；

淀粉溶液（5g·L^{-1}）；

H_2SO_4 溶液（0.5mol·L^{-1}）：28mL 浓 H_2SO_4，缓缓注入 700mL 水中，冷却，稀释至 1000mL；

酚酞指示液（5g·L^{-1}）；

$Na_2S_2O_3$ 标准滴定溶液 $c(Na_2S_2O_3)=0.1mol \cdot L^{-1}$。

四、实验步骤

1. I_2 标准滴定溶液 $c(I_2)=0.05mol \cdot L^{-1}$的配制

称取 5g 碘放入小烧杯中，另称取14g KI，并量取 400mL 水，将 KI 分 4～5 次放入盛有碘的烧杯中，每次加水 10mL，用玻璃棒轻轻研磨，使碘充分溶解，将溶液倒入棕色瓶中。如此反复直至碘片全部溶解。用剩余的水清洗烧杯，一并倒入瓶中，摇匀备用。

2. 用 As_2O_3 标定 I_2 溶液

准确称取 0.15g 基准物 As_2O_3（称准至 0.0001g）放入 250mL 碘量瓶中，加入 4mL NaOH 溶液溶解，加 50mL 水，2 滴酚酞指示液，用硫酸溶液中和至恰好无色。加 3g $NaHCO_3$ 及 3mL 淀粉指示液。用配好的碘溶液滴定至溶液呈蓝色。记录消耗碘标准溶液的体积 V_1。平行测定 3 次。同时做空白实验。

3. 用 $Na_2S_2O_3$ 标准溶液标定（比较法）

用滴定管准确加入已知浓度的 $Na_2S_2O_3$ 标准溶液 30.00～35.00mL 于碘量瓶中，加 150mL 水、3mL 淀粉指示液，以待标定的碘溶液滴定至溶液呈蓝色为终点。记录消耗碘标准溶液的体积 V_2。平行测定 3 次。

五、实验数据计算

1. 用 As_2O_3 标定时，碘标准滴定溶液的浓度

$$c(I_2)=\frac{2\times m(As_2O_3)}{M(As_2O_3)\cdot(V_1-V_0)}$$

式中　$c(I_2)$——I_2 标准滴定溶液的浓度，$mol\cdot L^{-1}$；

V_1——滴定时消耗 I_2 标准滴定溶液的体积，L；

V_0——空白实验消耗的 I_2 标准滴定溶液的体积，L；

$M(As_2O_3)$——As_2O_3 的摩尔质量，$g\cdot mol^{-1}$；

$m(As_2O_3)$——称取基准物 As_2O_3 的质量，g。

2. 用 $Na_2S_2O_3$ 标准滴定溶液标定时，碘标准滴定溶液的浓度

$$c(I_2)=\frac{\frac{1}{2}\times c(Na_2S_2O_3)V(Na_2S_2O_3)}{V_2}$$

式中　$c(Na_2S_2O_3)$——$Na_2S_2O_3$ 标准滴定溶液的浓度，$mol\cdot L^{-1}$；

$V(Na_2S_2O_3)$——加入 $Na_2S_2O_3$ 标准滴定溶液的体积，L；

V_2——滴定消耗 I_2 标准滴定溶液的体积，L。

六、思考题

1. I_2 溶液应装在何种滴定管中？为什么？

2. 配制 I_2 溶液时，为什么要加 KI？为什么要在溶液非常浓的情况下将 I_2 与 KI 一起研磨，当 I_2 与 KI 溶解后才能用水稀释？如果过早的稀释会发生什么情况？

3. 以 As_2O_3 为基准物标定碘溶液为什么加 NaOH？其后为什么用 H_2SO_4 中和？滴定前为什么加 $NaHCO_3$？

实验二十四　溴酸钾-溴化钾标准滴定溶液的制备

一、实验目的

1. 掌握 $KBrO_3$-KBr 标准滴定溶液的配制方法。

2. 掌握间接碘量法标定 $KBrO_3$-KBr 标准滴定溶液的基本原理、操作方法和计算。

二、实验原理

溴酸钾法是用Br_2作氧化剂测定物质含量的方法。因为Br_2极易挥发，溶液很不稳定，故常用$KBrO_3$-KBr标准滴定溶液代替Br_2标准滴定溶液，其中$KBrO_3$是准确量，KBr是过量的。$KBrO_3$-KBr标准滴定溶液在酸性溶液中生成Br_2，与过量的KI作用析出I_2，用$Na_2S_2O_3$标准滴定溶液滴定。反应如下：

$$BrO_3^- + 5Br^- + 6H^+ = 3Br_2 + 3H_2O$$

$$Br_2 + 2I^- = I_2 + 2Br^-$$

$$I_2 + 2S_2O_3^{2-} = 2I^- + S_4O_6^{2-}$$

以淀粉指示液确定终点。

三、实验试剂

固体$KBrO_3$（A.R.）；

固体KI；

KI溶液（10%）；

盐酸；

$Na_2S_2O_3$标准滴定溶液：$c(Na_2S_2O_3)=0.1mol \cdot L^{-1}$；

淀粉指示液（$5g \cdot L^{-1}$）。

四、实验步骤

1. $KBrO_3$-KBr标准滴定溶液的配制

称取1.4～1.5g（称准至0.1g）$KBrO_3$和6g KBr放入烧杯中，每次加入少量水溶解$KBrO_3$和KBr，溶液转入试剂瓶中，至全部溶解。用少量水冲洗烧杯，洗涤液一并转入试剂瓶中，最后稀释至500mL，摇匀，备用。

2. $KBrO_3$-KBr标准滴定溶液的标定

用滴定管准确加入配制好的$KBrO_3$-KBr溶液30.00～35.00mL于250mL碘量瓶中，加入浓盐酸5mL，立即盖紧碘量瓶，摇匀，用水封好瓶口，于暗处放置5～10min，打开瓶塞，冲洗瓶塞、瓶颈及瓶内壁，加入 10% 的 KI 溶液 10mL，立即用 $c(Na_2S_2O_3)=0.1mol\cdot L^{-1}$ 的 $Na_2S_2O_3$ 标准滴定溶液滴定，至溶液呈浅黄色时加淀粉指示液 5mL，继续滴定至蓝色恰好消失即为终点。记录消耗 $Na_2S_2O_3$ 标准滴定溶液的体积。

五、实验数据计算

$$c(KBrO_3)=\frac{\frac{1}{6}\times c(Na_2S_2O_3)\cdot V(Na_2S_2O_3)}{V(KBrO_3)}$$

式中 $c(KBrO_3)$——$KBrO_3$-KBr 标准滴定溶液的浓度，$mol\cdot L^{-1}$；

$c(Na_2S_2O_3)$——$Na_2S_2O_3$ 标准滴定溶液的浓度，$mol\cdot L^{-1}$；

$V(Na_2S_2O_3)$——滴定消耗 $Na_2S_2O_3$ 标准滴定溶液的体积，L；

$V(KBrO_3)$——量取的 $KBrO_3$-KBr 溶液的体积，L。

六、思考题

1. 已知准确浓度的 $KBrO_3$-KBr 标准溶液，其中 $KBrO_3$ 和 KBr 哪种物质的浓度是准确的？

2. 说明实验过程中溶液颜色变化的原因。

3. 淀粉指示液为什么要在滴定至近终点（溶液呈黄色）时加入？

实验二十五　过氧化氢含量的测定（高锰酸钾法）

一、实验目的

1. 掌握用 $KMnO_4$ 法直接滴定 H_2O_2 的基本原理和方法。

2. 掌握用吸量管移取试液的操作。

二、实验原理

在强酸性条件下，H_2O_2 遇到强氧化剂 $KMnO_4$ 时，表现出还原性。因此，可以在酸性溶液中用 $KMnO_4$ 标准滴定溶液直接滴定

H_2O_2，进行如下反应：

$$2KMnO_4 + 5H_2O_2 + 3H_2SO_4 = 2MnSO_4 + K_2SO_4 + 5O_2\uparrow + 8H_2O$$

以 $KMnO_4$ 自身作指示剂。

三、实验试剂

$KMnO_4$ 标准滴定溶液 $c(KMnO_4)=0.02mol \cdot L^{-1}$；

$H_2SO_4(3mol \cdot L^{-1})$；

双氧水试样。

四、实验步骤

用吸量管准确量取 2.00mL（或准确称取 2g）约 30%双氧水试样，注入装有 200mL 蒸馏水的 250mL 容量瓶中，用水稀释至刻度，充分摇匀。

用移液管吸取上述试液 25.00mL，置于锥形瓶中，加 20mL $H_2SO_4(3mol \cdot L^{-1})$，用 $c(KMnO_4)=0.02mol \cdot L^{-1}$ 的 $KMnO_4$ 标准滴定溶液滴定至溶液呈浅粉色，保持 30s 不褪色为终点。平行测定 3 次。

五、实验数据计算

$$\rho(H_2O_2)=\frac{\frac{5}{2}\times c(KMnO_4)\cdot V(KMnO_4)\cdot M(H_2O_2)}{V\times\frac{25}{250}}$$

式中 $c(KMnO_4)$——$KMnO_4$ 标准滴定溶液的浓度，$mol \cdot L^{-1}$；

$V(KMnO_4)$——滴定时消耗 $KMnO_4$ 标准滴定溶液的体积，L；

V——测定时量取 H_2O_2 试液的体积，L；

$M(H_2O_2)$——H_2O_2 的摩尔质量，$g \cdot mol^{-1}$。

六、思考题

1. 用移液管移取试样时，应注意什么？

2. 滴定开始反应慢，能否加热？

3. H_2O_2 与 $KMnO_4$ 的反应，能否用硝酸、盐酸或乙酸调节溶液的酸度？为什么？

实验二十六　软锰矿中 MnO_2 含量的测定

一、实验目的

1. 掌握软锰矿溶样的方法。
2. 掌握用 $KMnO_4$ 返滴定法测定 MnO_2 含量的原理和方法。
3. 掌握在烧杯中进行滴定的操作方法。

二、实验原理

软锰矿的主要成分是 MnO_2。MnO_2 是一种氧化剂，其含量多少可说明氧化能力的大小。由于 MnO_2 具有氧化性，不能用 $KMnO_4$ 法直接滴定，可以用返滴定法测定。

在酸性溶液中，MnO_2 与过量的 $Na_2C_2O_4$ 反应，剩余的 $Na_2C_2O_4$ 则用 $KMnO_4$ 标准滴定溶液滴定，反应式如下：

$$MnO_2 + Na_2C_2O_4 + 2H_2SO_4 = MnSO_4 + Na_2SO_4 + 2CO_2\uparrow + 2H_2O$$

$$5Na_2C_2O_4 + 2KMnO_4 + 8H_2SO_4 = K_2SO_4 + 2MnSO_4 + 10CO_2\uparrow + 8H_2O + 5Na_2SO_4$$

以 $KMnO_4$ 自身作指示剂。

三、实验试剂

$KMnO_4$ 标准滴定溶液 $c(KMnO_4)=0.02mol\cdot L^{-1}$；

固体 $Na_2C_2O_4$（基准物）；

H_2SO_4（$3mol\cdot L^{-1}$）。

四、实验步骤

准确称取软锰矿试样 0.5g（按含 MnO_2 75%计），放于 400mL 烧杯中，再准确称取固体 $Na_2C_2O_4$ 0.7g，放于同一烧杯中，加

25mL 水及 50mL H_2SO_4（3mol·L^{-1}）溶液，盖上表面皿，小火加热至无 CO_2 生成，残渣内无黑色颗粒为止。将溶液稀释至 200mL，加热至 75～85℃，立即用 $KMnO_4$ 标准滴定溶液滴定至溶液呈浅粉红色，保持 30s 不褪为终点。平行测定 3 次。

五、实验数据计算

$$w(MnO_2)=\frac{\left[\frac{m(Na_2C_2O_4)}{M(Na_2C_2O_4)}-\frac{5}{2}\times c(KMnO_4)\cdot V(KMnO_4)\right]\cdot M(MnO_2)}{m}\times 100\%$$

式中 $m(Na_2C_2O_4)$——基准物 $Na_2C_2O_4$ 的质量，g；

$M(Na_2C_2O_4)$——$Na_2C_2O_4$ 的摩尔质量，g·mol^{-1}；

$c(KMnO_4)$——$KMnO_4$ 标准滴定溶液的浓度，mol·L^{-1}；

$V(KMnO_4)$——滴定时消耗 $KMnO_4$ 标准滴定溶液的体积，L；

m——软锰矿试样的质量，g；

$M(MnO_2)$——MnO_2 的摩尔质量，g·mol^{-1}。

六、思考题

1. 在溶解试样时，为什么要小火加热？如果加热煮沸会有什么影响？

2. 试样溶解后，用 $KMnO_4$ 溶液滴定前，为什么要稀释？为什么要加热？加热温度如何控制？为什么？

3. 试样溶解完全的标志是什么？若试样溶解不完全，对分析结果有什么影响？

实验二十七　绿矾含量的测定

一、实验目的

1. 掌握用 $KMnO_4$ 法直接测定绿矾中 $FeSO_4\cdot 7H_2O$ 含量的基本原理、测定方法和相关计算。

2. 熟练掌握 $KMnO_4$ 法滴定终点的控制。

二、实验原理

先用稀硫酸溶液溶解绿矾试样，用 $KMnO_4$ 标准滴定溶液直接滴定 Fe^{2+}，反应为：

$$2KMnO_4+10FeSO_4+8H_2SO_4 = K_2SO_4+5Fe_2(SO_4)_3+2MnSO_4+8H_2O$$

以 $KMnO_4$ 自身作指示剂。加入 H_3PO_4 可消除 Fe^{3+} 颜色对终点的影响，并使反应进行完全。

三、实验试剂

$KMnO_4$ 标准滴定溶液 $c(KMnO_4)=0.02mol \cdot L^{-1}$；

硫酸溶液 $c(H_2SO_4)=1mol \cdot L^{-1}$；

磷酸；

绿矾试样。

四、实验步骤

准确称取绿矾试样 0.6～0.7g，置于 250mL 锥形瓶中，加入 50mL 煮沸并冷却的蒸馏水，再加入 15mL $c(H_2SO_4)=1mol \cdot L^{-1}$ 的硫酸溶液，2mL 磷酸溶液，轻摇使样品溶解，立即以 $c(KMnO_4)=0.02mol \cdot L^{-1}$ 的 $KMnO_4$ 标准滴定溶液滴定至溶液呈淡粉红色，并保持 30s 不褪色为终点。记录消耗 $KMnO_4$ 标准滴定溶液的体积。平行测定 3 次。

五、实验数据计算

$$w(FeSO_4 \cdot 7H_2O)=\frac{5\times c(KMnO_4)\cdot V(KMnO_4)\cdot M(FeSO_4 \cdot 7H_2O)}{m}\times 100\%$$

式中 $c(KMnO_4)$——$KMnO_4$ 标准滴定溶液的浓度，$mol \cdot L^{-1}$；

$V(KMnO_4)$——滴定消耗 $KMnO_4$ 标准滴定溶液的体积，L；

$M(FeSO_4 \cdot 7H_2O)$——$FeSO_4 \cdot 7H_2O$ 的摩尔质量，$g \cdot mol^{-1}$；

m——绿矾试样的质量，g。

六、思考题

1. 试计算说明以 0.02mol·L^{-1}的 $KMnO_4$ 标准滴定溶液测定 $FeSO_4 \cdot 7H_2O$ 含量时的称样量。

2. 实验中加入硫酸、磷酸的目的各是什么？

实验二十八　钙盐中钙含量的测定

一、实验目的

1. 掌握用 $KMnO_4$ 间接滴定法测定钙含量的原理、方法及相关计算。

2. 熟悉沉淀过滤分离及沉淀洗涤的操作。

3. 熟悉在烧杯中进行滴定的操作。

二、实验原理

在弱碱性溶液中，Ca^{2+} 可被 $(NH_4)_2C_2O_4$ 沉淀为 CaC_2O_4。将沉淀滤出洗净后，溶于 H_2SO_4 溶液中，然后用 $KMnO_4$ 标准滴定溶液滴定与 Ca^{2+} 相当的 $C_2O_4^{2-}$。反应如下：

$$Ca^{2+} + C_2O_4^{2-} = CaC_2O_4 \downarrow$$

$$CaC_2O_4 + H_2SO_4 = CaSO_4 + H_2C_2O_4$$

$$5H_2C_2O_4 + 2KMnO_4 + 3H_2SO_4 = 2MnSO_4 + K_2SO_4 + 10CO_2 + 8H_2O$$

三、实验试剂

$KMnO_4$ 标准滴定溶液 $c(KMnO_4)=0.02mol \cdot L^{-1}$；

HCl(1+1)；

硫酸溶液 $c(H_2SO_4)=3mol \cdot L^{-1}$；

$(NH_4)_2C_2O_4$ 溶液：称取 31g $(NH_4)_2C_2O_4$ 溶于 300mL 水中，稀释至 1000mL，其浓度为 0.25mol·L^{-1}；

氨水（10%）：量取 400mL 氨水，稀释至 1000mL；

甲基橙指示液（1g·L^{-1}）。

四、实验步骤

准确称取碳酸钙试样 0.12～0.15g（或石灰石试样 0.15～0.2g），置于250mL烧杯中，以5mL水润湿，缓慢滴加 HCl（1+1）溶液 3～5mL，同时不断摇动烧杯使之溶解。待溶解完全后，加 20mL水、35mL $(NH_4)_2C_2O_4$ 溶液及2滴甲基橙指示液，加热近沸，滴加10%氨水至溶液呈橙黄色，保温30min，并随时搅拌，使沉淀陈化，放置冷却。

用中速滤纸以倾泻法过滤，用稀 $(NH_4)_2C_2O_4$ 溶液（10mL上述试剂溶液稀释至100mL）以倾泻法将沉淀洗涤3～4次，再将沉淀全部转移到滤纸上，然后用水洗涤至流出液中不含 Cl^- 为止（以 $AgNO_3$ 检查）。

将带有沉淀的滤纸贴在原贮沉淀的烧杯内壁，用 $6mol \cdot L^{-1}$ 的 H_2SO_4 20mL与水30mL的混合液仔细将滤纸上的沉淀洗入烧杯中，再加50mL水，加热至75～85℃，用 $c(KMnO_4)=0.02mol \cdot L^{-1}$ 的 $KMnO_4$ 标准滴定溶液滴定至溶液呈粉红色。然后将滤纸浸入溶液中，用玻璃棒搅拌，若溶液褪色，继续滴定至粉红色，保持30s不褪色即为终点。平行测定2次。

五、实验数据计算

$$w(Ca)=\frac{\frac{5}{2}\times c(KMnO_4)\cdot V(KMnO_4)\cdot M(Ca)}{m}\times 100\%$$

式中 $c(KMnO_4)$——$KMnO_4$ 标准滴定溶液的浓度，$mol \cdot L^{-1}$；

$V(KMnO_4)$——滴定消耗 $KMnO_4$ 标准滴定溶液的体积，L；

$M(Ca)$——Ca的摩尔质量，$g \cdot mol^{-1}$；

m——碳酸钙试样的质量，g。

六、思考题

1. 沉淀 CaC_2O_4 时，为什么要先在酸性溶液中加入 $(NH_4)_2C_2O_4$，

然后加热近沸，滴加氨水至甲基橙变橙黄色而使 CaC_2O_4 沉淀析出？

2. 洗涤 CaC_2O_4 沉淀时，为什么先要用稀的 $(NH_4)_2C_2O_4$ 溶液洗涤，再用冷水洗？洗涤的目的是什么？为什么要洗涤至不含 Cl^-？

3. 如果将带有 CaC_2O_4 沉淀的滤纸一起用 H_2SO_4 处理，再用 $KMnO_4$ 溶液滴定，会产生什么影响？

4. 本实验能否用返滴定法测定钙含量？若可以，请设计一个方案。

实验二十九　硫酸亚铁铵中亚铁含量的测定（$K_2Cr_2O_7$ 法）

一、实验目的

1. 掌握 $K_2Cr_2O_7$ 法测定亚铁盐中亚铁含量的基本原理、操作方法和相关计算。

2. 学会使用二苯胺磺酸钠指示剂。

二、实验原理

在硫酸酸性溶液中，$K_2Cr_2O_7$ 与 Fe^{2+} 的反应式为：

$$Cr_2O_7^{2-}+6Fe^{2+}+14H^+ \longrightarrow 2Cr^{3+}+6Fe^{3+}+7H_2O$$

用二苯胺磺酸钠作为指示剂，溶液由无色变为绿色最后到蓝紫色为终点。

若测定试样中总铁含量，则需先将试样中的 Fe^{3+} 还原成 Fe^{2+}，再用 $K_2Cr_2O_7$ 标准滴定溶液滴定 Fe^{2+}。

三、实验试剂

二苯胺磺酸钠指示液（$5g\cdot L^{-1}$）：称取 0.5g 二苯胺磺酸钠溶于 100mL 水中，加入 2 滴浓硫酸，混匀，存放于棕色试剂瓶；

$K_2Cr_2O_7$ 标准滴定溶液 $c(K_2Cr_2O_7)=0.01667mol \cdot L^{-1}$；
磷酸溶液（85%）；
硫酸溶液（20%）；
固体 $(NH_4)_2SO_4 \cdot FeSO_4 \cdot 6H_2O$ 试样。

四、实验步骤

准确称取 $(NH_4)_2SO_4 \cdot FeSO_4 \cdot 6H_2O$ 试样 1～1.5g，置于 250mL 烧杯中，加入 8mL 20%的 H_2SO_4 溶液防止水解，加入已去除氧的蒸馏水加热溶解，定量转入 250mL 容量瓶中，用无氧水稀释至刻度，充分摇匀。

准确移取 25.00mL 上述试液，置于锥形瓶中，加入 50mL 无氧水、10mL 20% H_2SO_4 溶液，再加入 5～6 滴二苯胺磺酸钠指示剂，摇匀后用 $K_2Cr_2O_7$ 标准滴定溶液滴定，至溶液出现深绿色时，加 5.0mL 85%磷酸溶液，继续滴定至溶液呈紫色或蓝紫色。记录消耗 $K_2Cr_2O_7$ 标准滴定溶液的体积。平行测定 3 次。

五、实验数据计算

$$w(Fe)=\frac{6 \times c(K_2Cr_2O_7) \cdot V(K_2Cr_2O_7) \cdot M(Fe)}{m \times \frac{25}{250}} \times 100\%$$

式中 $c(K_2Cr_2O_7)$——$K_2Cr_2O_7$ 标准滴定溶液的浓度，$mol \cdot L^{-1}$；
$V(K_2Cr_2O_7)$——滴定时消耗 $K_2Cr_2O_7$ 标准滴定溶液的体积，L；
m——称取硫酸亚铁铵试样的质量，g；
$M(Fe)$——Fe 的摩尔质量，$g \cdot mol^{-1}$。

六、思考题

1. 本实验中加入磷酸的作用是什么？

2. 以二苯胺磺酸钠指示剂为例，说明氧化还原指示剂的变色原理。

3. 试样为什么要用无氧水溶解及稀释?

实验三十　铁矿石中铁含量的测定（无汞法）

一、实验目的

1. 掌握直接法配制 $K_2Cr_2O_7$ 标准滴定溶液的方法。
2. 掌握 $TiCl_3$-$K_2Cr_2O_7$ 法测定铁含量的原理和方法。
3. 掌握铁矿石试样的溶解及预先氧化还原的操作。

二、实验原理

试样用盐酸加热溶解，在热溶液中，用 $SnCl_2$ 还原大部分 Fe^{3+}，然后以钨酸钠为指示剂，用 $TiCl_3$ 溶液定量还原剩余的部分 Fe^{3+}，当 Fe^{3+} 全部还原为 Fe^{2+} 后，过量一滴 $TiCl_3$ 溶液使钨酸钠还原为蓝色的五价钨的化合物（俗称“钨蓝”），使溶液呈蓝色，滴加 $K_2Cr_2O_7$ 溶液使钨蓝刚好褪色。溶液中的 Fe^{2+} 在硫、磷混酸介质中，以二苯胺磺酸钠为指示剂，用 $K_2Cr_2O_7$ 标准滴定溶液滴定至紫色为终点。主要反应如下：

1. 试样的溶解

$$Fe_2O_3 + 6HCl \xlongequal{} 2FeCl_3 + 3H_2O$$

$$FeCl_3 + Cl^- \xlongequal{} [FeCl_4]^-$$

$$FeCl_3 + 3Cl^- \xlongequal{} [FeCl_6]^{3-}$$

2. Fe^{3+} 的还原

$$2Fe^{3+} + Sn^{2+} \xlongequal{} 2Fe^{2+} + Sn^{4+}$$

$$Fe^{3+} + Ti^{3+} \xlongequal{} Fe^{2+} + Ti^{4+}$$

3. 滴定

$$Cr_2O_7^{2-} + 6Fe^{2+} + 14H^+ \xlongequal{} 2Cr^{3+} + 6Fe^{3+} + 7H_2O$$

三、实验试剂

固体 $K_2Cr_2O_7$ 基准物：于 (120±2)℃烘至质量恒定；

铁矿石试样：预先在 120℃烘箱中烘 1～2h，取出在干燥器中冷却至室温；

浓盐酸；

盐酸溶液（1＋1 及 1＋4）；

$SnCl_2$ 溶液（$100g \cdot L^{-1}$）：取 10g $SnCl_2 \cdot 2H_2O$ 溶于 100mL 盐酸（1＋1）中（临用前现配）；

$TiCl_3$ 溶液（$15g \cdot L^{-1}$）：取 10mL $TiCl_3$ 试剂溶液，用盐酸（1＋4）稀释至 100mL，存放于棕色试剂瓶中（临用前现配）；

Na_2WO_4 溶液（$100g \cdot L^{-1}$）：取 10g Na_2WO_4 溶于 95mL 水中，加 5mL 磷酸，混匀，存放于棕色试剂瓶中；

硫、磷混酸溶液：在搅拌下将 100mL 浓硫酸缓缓加入到 250mL 水中，冷却后加入 150mL 磷酸，混匀。

二苯胺磺酸钠指示液（$5g \cdot L^{-1}$）：称取 0.5g 二苯胺磺酸钠，溶于 100mL 水中，加入 2 滴浓硫酸，混匀，存放于棕色试剂瓶中。

四、实验步骤

1. $K_2Cr_2O_7$ 标准滴定溶液 $c(K_2Cr_2O_7)=0.01667mol \cdot L^{-1}$ 的制备

采用固定称量法，在干燥的小烧杯中准确称取 1.2258g 基准 $K_2Cr_2O_7$，加水溶解，定量转入 250mL 容量瓶中，稀释至刻度，摇匀。此溶液的浓度为 $c(K_2Cr_2O_7)=0.01667mol \cdot L^{-1}$。若所称取 $K_2Cr_2O_7$ 质量不是 1.2258g，则应计算其准确浓度。

2. 铁含量的测定

准确称取试样 0.2～0.3g，置于 250mL 锥形瓶中，滴加水润湿试样，加 10mL 浓盐酸，盖上表面皿，缓缓加热使试样溶解，此时溶液为橙黄色，残渣为白色或浅色时，用少量水冲洗表面皿，加热近沸。趁热滴加 $SnCl_2$ 溶液至溶液呈浅黄色（$SnCl_2$ 不宜过量），冲洗瓶内壁，加 10mL 水、1mL Na_2WO_4 溶液，滴加 $TiCl_3$ 溶液至刚好出现钨蓝。再加水 60mL，放置 10～20s，用 $K_2Cr_2O_7$ 标准滴定溶液滴定至钨蓝恰好褪去（不记读数）。加入 10mL 硫酸、磷酸混酸溶液和 4～5 滴二苯胺磺酸钠指示液，立即用 $K_2Cr_2O_7$ 标准滴定溶液滴定至溶液呈稳定的紫色即为终点。记录消耗 $K_2Cr_2O_7$ 标准滴定溶液的体积。平行测定 2 次。

五、实验数据计算

$$w(\text{Fe})=\frac{6\times c(K_2Cr_2O_7)\cdot V(K_2Cr_2O_7)\cdot M(\text{Fe})}{m}\times 100\%$$

式中 $c(K_2Cr_2O_7)$——$K_2Cr_2O_7$ 标准滴定溶液的浓度，$mol\cdot L^{-1}$；

$V(K_2Cr_2O_7)$——滴定时消耗 $K_2Cr_2O_7$ 标准滴定溶液的体积，L；

m——铁矿石试样的质量，g；

$M(\text{Fe})$——Fe 的摩尔质量，$g\cdot mol^{-1}$。

六、实验注意事项

1. 平行试样可以同时溶解，但溶解后，应每还原一份试样立即滴定，以免 Fe^{2+} 被空气中的氧氧化。

2. 加入 $SnCl_2$ 不宜过量，否则使测定结果偏高。如不慎过量，可滴加 2% $KMnO_4$ 溶液使试液呈浅黄色。

3. Fe^{2+} 在酸性介质中极易被氧化，必须在“钨蓝”褪色 1min 内立即滴定，否则测定结果偏低。

七、思考题

1. 用 $SnCl_2$ 还原溶液中的 Fe^{3+} 时，$SnCl_2$ 过量溶液呈什么颜色？对分析结果有什么影响？

2. 为什么不能直接使用 $TiCl_3$ 还原 Fe^{3+} 时，而先用 $SnCl_2$ 还原溶液中大部分 Fe^{3+}，然后再用 $TiCl_3$ 还原？能否只用 $SnCl_2$ 还原而不用 $TiCl_3$？

3. 用 $K_2Cr_2O_7$ 标准滴定溶液滴定 Fe^{2+}，为什么要加硫酸、磷酸混酸？

实验三十一　维生素 C 含量的测定

一、实验目的

1. 掌握直接碘量法测定维生素 C 的基本原理和方法。
2. 掌握直接碘量法滴定终点的判断方法。

二、实验原理

维生素 C 分子中的烯二醇基具有还原性，能被 I_2 氧化成二酮基，反应式为：

```
        HO—C═══C—OH                              O═C———C═O
           |     |                                 |     |
H2C——CH—CH     C═O    + I2 ═══   H2C——CH—CH     C═O  +2HI
 |    |     \   /                     |    |     \   /
 OH   OH      O                       OH   OH      O
```

由于维生素 C 的还原能力很强，在空气中极易被氧化，尤其在碱性介质中更甚。因此，测定时应在较弱的酸性溶液中进行。淀粉指示剂在滴定终点时溶液呈蓝色。

三、实验试剂

维生素 C 试样；

I_2 标准滴定溶液 $c(I_2)=0.05\text{mol}\cdot\text{L}^{-1}$；

淀粉指示液（$5\text{g}\cdot\text{L}^{-1}$）；

乙酸溶液（$2\text{mol}\cdot\text{L}^{-1}$）：取冰乙酸 60mL，用蒸馏水稀释至 500mL。

四、实验步骤

准确称取维生素 C 试样 0.2g（若试样为粒状或片状各取一粒或一片），放于锥形瓶中，加入新煮沸并冷却后的蒸馏水 100mL、乙酸溶液 10mL，轻摇使之溶解。加淀粉指示剂 2mL，立即用 I_2 标准滴定溶液滴定至溶液恰呈蓝色，30s 不褪为终点。记录消耗 I_2

标准滴定溶液的体积。平行测定 3 次。

五、实验数据计算

$$w(\text{维生素 C})=\frac{c(I_2)\cdot V(I_2)\cdot M(\text{维生素 C})}{m}\times 100\%$$

式中　$c(I_2)$——I_2 标准滴定溶液的浓度，$mol\cdot L^{-1}$；

$V(I_2)$——滴定时消耗 I_2 标准滴定溶液的体积，L；

M(维生素 C)——维生素 C 的摩尔质量，$g\cdot mol^{-1}$；

m——称取维生素 C 试样的质量，g。

六、思考题

1. 溶解维生素 C 试样时，为什么用新煮沸过的冷蒸馏水？
2. 测定维生素 C 含量时，为什么要在弱酸性介质中进行？

实验三十二　胆矾中 $CuSO_4\cdot 5H_2O$ 含量的测定

一、实验目的

1. 了解胆矾的组成和基本性质。
2. 掌握间接碘量法测定胆矾中 $CuSO_4\cdot 5H_2O$ 含量的基本原理和方法。

二、实验原理

在弱酸性介质中，Cu^{2+} 与过量的 KI 作用生成 CuI 沉淀，并定量析出碘。以淀粉为指示剂，用 $Na_2S_2O_3$ 标准滴定溶液滴定。反应式为：

$$2CuSO_4+4KI = 2K_2SO_4+2CuI\downarrow+I_2$$

$$I_2+2Na_2S_2O_3 = 2NaI+Na_2S_4O_6$$

由于 CuI↓表面吸附 I_3^- 粒子，会使测定结果偏低，可在大部分 I_2 被 $Na_2S_2O_3$ 溶液滴定后，加入 KSCN，将 CuI 转化为溶解度更小的 CuSCN 沉淀，把吸附的碘释放出来，使反应得以进行完全。

三、实验试剂

$Na_2S_2O_3$ 标准滴定溶液 $c(Na_2S_2O_3)=0.1mol \cdot L^{-1}$；

H_2SO_4 溶液（$1mol \cdot L^{-1}$）；

KI 溶液（$100g \cdot L^{-1}$）：使用前配制；

KSCN 溶液（$100g \cdot L^{-1}$）；

淀粉溶液（$5g \cdot L^{-1}$）；

$CuSO_4 \cdot 5H_2O$ 样品。

四、实验步骤

准确称取胆矾试样 0.5～0.6g，置于碘量瓶中，加 100mL 蒸馏水和 5mL H_2SO_4 溶液（$1mol \cdot L^{-1}$），使其溶解，加 KI 溶液 10mL，摇匀后放置 3min。打开瓶塞，用少量水冲洗瓶塞和瓶壁，立即用 $Na_2S_2O_3$ 标准滴定溶液滴定至溶液显浅黄色，加 3mL 淀粉指示液，继续滴定至浅蓝色，再加 KSCN 溶液 10mL（溶液颜色略转深）。继续用 $Na_2S_2O_3$ 标准滴定溶液滴定至蓝色恰好消失为终点。平行测定 3 次。

五、实验数据计算

$$w(CuSO_4 \cdot 5H_2O)=\frac{c(Na_2S_2O_3) \cdot V(Na_2S_2O_3) \cdot M(CuSO_4 \cdot 5H_2O)}{m} \times 100\%$$

式中 $c(Na_2S_2O_3)$——$Na_2S_2O_3$ 标准滴定溶液的浓度，$mol \cdot L^{-1}$；

$V(Na_2S_2O_3)$——滴定时消耗 $Na_2S_2O_3$ 标准滴定溶液的体积，L；

$M(CuSO_4 \cdot 5H_2O)$——$CuSO_4 \cdot 5H_2O$ 的摩尔质量，$g \cdot mol^{-1}$；

m——称取胆矾试样的质量，g。

六、思考题

1. 已知 $\phi_{(Cu^{2+}/Cu^{+})}=0.159V$，$\phi_{(I_3^-/I^-)}=0.545V$，为何本实

验中 Cu^{2+} 却能氧化 I^- 成 I_2？

2. 测定铜含量时加 KI 为何要过量？加入 KSCN 的作用是什么？为什么要在近终点时加？

3. 间接碘量法一般选择中性或弱酸性条件。本实验为什么要加入硫酸？能否加盐酸？为什么？酸度过高会对分析结果有何影响？

实验三十三　硫化钠总还原能力的测定

一、实验目的

1. 了解硫化钠中还原性物质的组成。

2. 掌握用碘量法测定硫化物的原理和方法。

二、实验原理

在弱酸性溶液中，I_2 能氧化 S^{2-}，反应为：

$$S^{2-}+I_2 = S\downarrow +2I^-$$

可用 I_2 标准滴定溶液直接滴定硫化物。为了防止 S^{2-} 在酸性介质中生成 H_2S 而损失，测定时将试样加到过量 I_2 的酸性溶液中，再用 $Na_2S_2O_3$ 标准滴定溶液回滴多余的 I_2。

硫化钠试样常含有 Na_2SO_3 及 $Na_2S_2O_3$ 等还原性物质，它们也与 I_2 作用。因此，按此法测定的结果，实际上是硫化钠试样的总还原能力，以 Na_2S 的含量来表示。

三、实验试剂

$Na_2S_2O_3$ 标准滴定溶液 $c(Na_2S_2O_3)=0.1mol\cdot L^{-1}$；

I_2 标准溶液 $c(I_2)=0.05mol\cdot L^{-1}$；

HCl(1+1)；

淀粉溶液（$5g\cdot L^{-1}$）；

Na_2S 试样。

四、实验步骤

准确称取硫化钠试样 10g，置小烧杯中，加水溶解后，定量转入 500mL 容量瓶中，加水稀释至刻度，摇匀。

准确吸取 50.00mL $c(I_2)=0.05mol \cdot L^{-1}$ I_2 标准溶液，置于碘量瓶中，加 200mL 水及 6mL HCl（1＋1）溶液。准确吸取 25.00mL 上述硫化钠试液，边加边摇加到碘量瓶中，使反应完全。然后用 $c(Na_2S_2O_3)=0.1mol \cdot L^{-1}$ $Na_2S_2O_3$ 标准滴定溶液滴定至溶液呈浅黄色，加 3mL 淀粉指示液，继续滴定至蓝色消失为终点。记录消耗的 $Na_2S_2O_3$ 标准滴定溶液的体积。平行测定 3 次。

计算硫化钠试样的总还原能力，以 Na_2S 的含量表示。

五、实验数据计算

$$w(Na_2S)=\frac{\left[c(I_2)V(I_2)-\frac{1}{2}c(Na_2S_2O_3)V(Na_2S_2O_3)\right]\cdot M(Na_2S)}{m\times\frac{25}{250}}\times 100\%$$

式中　$c(I_2)$——I_2 标准溶液的浓度，$mol \cdot L^{-1}$；

$V(I_2)$——加入 I_2 标准溶液的体积，L；

$c(Na_2S_2O_3)$——$Na_2S_2O_3$ 标准滴定溶液的浓度，$mol \cdot L^{-1}$；

$V(Na_2S_2O_3)$——滴定时消耗 $Na_2S_2O_3$ 标准滴定溶液的体积，L；

$M(Na_2S)$——Na_2S 的摩尔质量，$g \cdot mol^{-1}$；

m——称取硫化钠试样的质量，g。

六、思考题

1. 测定硫化钠时，为什么先在碘量瓶中放碘标准溶液和 HCl，后加硫化钠试液？

2. 简述测定硫化钠总还原能力的基本原理。

实验三十四　苯酚含量的测定

一、实验目的

1. 掌握 $KBrO_3$-KBr 标准溶液的配制方法。
2. 掌握溴量法测定苯酚的原理和方法。
3. 掌握空白实验的方法和实际意义。

二、实验原理

$KBrO_3$ 与 KBr 在酸性介质中反应，可产生相当量的 Br_2。Br_2 与苯酚发生取代反应，生成稳定的三溴苯酚，反应如下：

$$KBrO_3 + 5KBr + 6HCl = 3Br_2 + 6KCl + 3H_2O$$

$$C_6H_5OH + 3Br_2 = C_6H_2Br_3OH + 3HBr$$

若加入过量的 Br_2 与苯酚反应后，剩余的 Br_2 用过量的 KI 还原，析出的 I_2 可用 $Na_2S_2O_3$ 标准滴定溶液滴定。反应为：

$$Br_2 + 2KI = I_2 + 2KBr$$

$$I_2 + 2Na_2S_2O_3 = 2NaI + Na_2S_4O_6$$

三、实验试剂

苯酚试样；

固体 $KBrO_3$；

固体 KBr；

HCl 溶液（1+1）；

KI 溶液（$100g \cdot L^{-1}$）；

NaOH 溶液（$100g \cdot L^{-1}$）；

$KBrO_3$-KBr 标准溶液 $c(KBrO_3) = 0.01667mol \cdot L^{-1}$：称取 0.7g（准确至 0.1g）$KBrO_3$ 和 3g KBr，放于烧杯中，加少量水溶

解，稀释至200mL，搅匀备用；

氯仿；

$Na_2S_2O_3$标准滴定溶液$c(Na_2S_2O_3)=0.1mol\cdot L^{-1}$；

淀粉指示液（$5g\cdot L^{-1}$）。

四、实验步骤

准确称取苯酚试样0.2～0.3g（称准至0.0001g），放于盛有5mL NaOH溶液的250mL烧杯中，加入少量蒸馏水溶解。仔细将溶液转入250mL容量瓶中，用少量水洗涤烧杯数次，定量转入容量瓶中。以水稀释至刻度，充分摇匀。

用移液管吸取试液25.00mL，放于碘量瓶中，用滴定管准确加入$KBrO_3$-KBr标准溶液30.00～35.00mL，微开碘量瓶塞，加入10mL(1+1)HCl，立即盖紧瓶塞，振摇1～2min，用蒸馏水封好瓶口，与暗处放置15min。微启瓶塞，加入KI溶液10mL，盖紧瓶塞，充分摇匀后，加氯仿2mL，摇匀。打开瓶塞，冲洗瓶塞和瓶壁，立即用$c(Na_2S_2O_3)=0.1mol\cdot L^{-1}$的$Na_2S_2O_3$标准滴定溶液滴定，至溶液呈浅黄色时加淀粉指示剂3mL，继续滴定至蓝色恰好消失即为终点。记录消耗$Na_2S_2O_3$标准滴定溶液的体积。

同时做空白实验：以蒸馏水25.00mL代替试液，按上述步骤进行实验，记录消耗$Na_2S_2O_3$标准滴定溶液的体积。

五、实验数据计算

$$w(C_6H_5OH)=\frac{\frac{1}{6}\times c(Na_2S_2O_3)\cdot(V_0-V)\cdot M(C_6H_5OH)}{m\times\frac{25}{250}}\times100\%$$

式中 $c(Na_2S_2O_3)$——$Na_2S_2O_3$标准滴定溶液的浓度，$mol\cdot L^{-1}$；

V——滴定苯酚试样时消耗$Na_2S_2O_3$标准滴定溶液的体积，L；

V_0——空白实验消耗$Na_2S_2O_3$标准滴定溶液的体积，L；

m——苯酚试样的质量，g；

$M(C_6H_5OH)$——C_6H_5OH 的摩尔质量，$g \cdot mol^{-1}$。

六、思考题

1. 本实验中空白实验的目的是什么？

2. 本实验中使用的 $KBrO_3$-KBr 标准溶液为什么不需要标定出准确浓度？

3. 实验中加入氯仿的目的是什么？

4. 本实验中先加试样，再加 $KBrO_3$-KBr 标准溶液，后加 HCl，为什么要这样做？

第四节　沉淀滴定法

实验三十五　硝酸银标准滴定溶液的制备

一、实验目的

1. 掌握 $AgNO_3$ 溶液的配制和标定方法。

2. 掌握用 K_2CrO_4 作指示剂判断滴定终点。

二、实验原理

$AgNO_3$ 标准滴定溶液可用基准物 $AgNO_3$ 直接配制。但对于一般市售 $AgNO_3$，常因含有 Ag、Ag_2O、有机物和铵盐等杂质，故需用基准物标定。

标定 $AgNO_3$ 溶液的基准物质多用 NaCl，以 K_2CrO_4 作指示剂。反应式为：

$$NaCl + AgNO_3 = AgCl\downarrow(\text{白色}) + NaNO_3$$

$$K_2CrO_4 + 2AgNO_3 = Ag_2CrO_4\downarrow(\text{砖红色}) + 2KNO_3$$

当反应达化学计量点，Cl^- 定量沉淀为 AgCl 后，利用微过量的 Ag^+ 与 CrO_4^{2-} 生成砖红色 Ag_2CrO_4 沉淀，指示滴定终点。

三、实验试剂

固体 $AgNO_3$；

基准 NaCl：于 500～600℃灼烧至恒重；

K_2CrO_4 指示液（50g·L^{-1}）：称取 5g K_2CrO_4，溶于适量水中，稀释至 100mL。

四、实验步骤

1. $AgNO_3$ 溶液 $c(AgNO_3)=0.1mol\cdot L^{-1}$ 的配制

称取 8.5g $AgNO_3$，溶于 500mL 不含 Cl^- 的蒸馏水中，贮于棕色瓶中，摇匀。置暗处保存，待标定。

2. $AgNO_3$ 溶液的标定

准确称取 0.5～0.65g 基准 NaCl 于小烧杯中，用水溶解后定量转入 100mL 容量瓶中，稀释至刻度，摇匀。

用移液管移取此溶液 25.00mL 置于 250mL 锥形瓶中，加 25mL 水，加 2mL K_2CrO_4 指示液，在不断摇动下，用 $AgNO_3$ 标准滴定溶液滴定至溶液微呈砖红色即为终点。平行测定 2～3 次。

五、实验数据计算

$$c(AgNO_3)=\frac{m(NaCl)}{M(NaCl)\cdot V(AgNO_3)}$$

式中 $c(AgNO_3)$——$AgNO_3$ 标准滴定溶液的浓度，mol·L^{-1}；

$V(AgNO_3)$——滴定时消耗 $AgNO_3$ 标准滴定溶液的体积，L；

m——基准物质氯化钠的质量，g；

$M(NaCl)$——NaCl 的摩尔质量，g·mol^{-1}。

六、实验注意事项

1. K_2CrO_4 溶液浓度至关重要，一般以 $5\times10^{-3}mol\cdot L^{-1}$ 为宜。

2. 滴定反应必须在中性或弱碱性溶液中进行，最适宜的酸度为 pH＝6.5～10.5。

七、思考题

1. 用 $AgNO_3$ 滴定 NaCl 时，在滴定过程中，为什么要充分摇动溶液？否则，会对测定结果有什么影响？

2. K_2CrO_4 指示剂的浓度为什么要控制？浓度过大或过小对测定有什么影响？

3. 为什么溶液的 pH 需控制在 6.5～10.5？

实验三十六　硫氰酸铵标准滴定溶液的制备

一、实验目的

1. 掌握 NH_4SCN 溶液的配制和标定方法。

2. 掌握佛尔哈德法判断滴定终点的方法。

二、实验原理

硫氰酸铵常含有杂质，如硫酸盐、氯化物等，配成近似浓度的溶液后，用 $AgNO_3$ 标定。反应如下：

$$NH_4SCN + AgNO_3 = AgSCN\downarrow(\text{白色}) + NH_4NO_3$$

以铁铵矾作指示剂，终点呈现淡红色。

$$Fe^{3+} + SCN^- = Fe(SCN)^{2+}(\text{红色})$$

若用 KSCN 或 NaSCN 配制标准滴定溶液，它们同样含有杂质，配成溶液后，需进行标定。

三、实验试剂

固体硫氰酸铵（或硫氰酸钾）；

固体 $AgNO_3$ 基准物质：于硫酸干燥器中干燥至恒重；

HNO_3 溶液（1＋3）；

铁铵矾指示液（$400g \cdot L^{-1}$）：称取 40.0g 硫酸铁铵 $NH_4Fe(SO_4)_2 \cdot 12H_2O$ 溶于水（加几滴硫酸），稀释至 100mL；

$AgNO_3$ 标准滴定溶液 $c(AgNO_3)=0.1mol \cdot L^{-1}$。

四、实验步骤

1. NH_4SCN（或 KSCN）溶液 $c(NH_4SCN)=0.1mol \cdot L^{-1}$的配制

称取固体硫氰酸铵 4.0g（或硫氰酸钾 5.0g），溶于 500mL 水中，摇匀待标定。

2. 用基准试剂 $AgNO_3$ 标定

准确称取基准试剂 $AgNO_3$ 0.5g（称准至 0.0001g），放于锥形瓶中，加 100mL 蒸馏水溶解，加 1mL 铁铵矾指示液、10mL 硝酸溶液。在摇动下，用配好的硫氰酸铵标准滴定溶液滴定。终点前摇动溶液至完全清亮后，继续滴定至溶液呈浅红色，保持 30s 不褪即为终点。记录数据。平行测定 3 次。

3. 用 $AgNO_3$ 标准滴定溶液标定

准确量取 30.00～35.00mL $c(AgNO_3)=0.1mol \cdot L^{-1}$ 的 $AgNO_3$ 标准滴定溶液，置于锥形瓶中，加 70mL 水、1mL 铁铵矾指示液及 10mL HNO_3 溶液，在摇动下，用配制好的 NH_4SCN 标准滴定溶液滴定。终点前充分摇动至溶液完全清亮后，继续滴定至溶液呈浅红色，保持 30s 不褪即为终点。平行测定 3 次。

五、实验数据计算

1. 用基准试剂 $AgNO_3$ 标定

$$c(NH_4SCN)=\frac{m(AgNO_3)}{M(AgNO_3) \cdot V(NH_4SCN)}$$

式中 $c(NH_4SCN)$——NH_4SCN 标准滴定溶液的浓度，$mol \cdot L^{-1}$；

$V(NH_4SCN)$——滴定时消耗 NH_4SCN 标准滴定溶液的体积，L；

$m(AgNO_3)$——称取基准物质 $AgNO_3$ 的质量，g；

$M(AgNO_3)$——$AgNO_3$ 的摩尔质量，$g \cdot mol^{-1}$。

2. 用 $AgNO_3$ 标准滴定溶液标定

$$c(NH_4SCN)=\frac{c(AgNO_3)\cdot V(AgNO_3)}{V(NH_4SCN)}$$

式中　$c(AgNO_3)$——$AgNO_3$ 标准滴定溶液的浓度，$mol\cdot L^{-1}$；

$V(AgNO_3)$——加入 $AgNO_3$ 标准滴定溶液的体积，L；

$V(NH_4SCN)$——滴定时消耗 NH_4SCN 标准滴定溶液的体积，L。

六、思考题

1. 滴定时，为什么用硝酸酸化？可否用盐酸或硫酸？

2. 终点前，为什么要摇动锥形瓶至溶液完全清亮，再继续滴定？

实验三十七　水中氯离子含量的测定（莫尔法）

一、实验目的

1. 掌握莫尔法测定水中氯含量的原理、方法和相关计算。

2. 学会用 K_2CrO_4 指示液正确判断滴定终点。

二、实验原理

在中性或弱碱性溶液中，以 K_2CrO_4 作指示剂，用 $AgNO_3$ 标准滴定溶液直接滴定 Cl^-，当反应达化学计量点，Cl^- 定量沉淀为 AgCl 后，利用微过量的 Ag^+ 与 CrO_4^{2-} 生成砖红色 Ag_2CrO_4 沉淀，指示滴定终点。反应式为：

$$Ag^+ + Cl^- = AgCl\downarrow \text{（白色）}$$

$$2Ag^+ + CrO_4^{2-} = Ag_2CrO_4\downarrow \text{（砖红色）}$$

三、实验试剂

K_2CrO_4 指示液（$50g\cdot L^{-1}$）；

$AgNO_3$ 标准滴定溶液 $c(AgNO_3)=0.01mol\cdot L^{-1}$：用移液管吸取或滴定管量取前述实验标定好的（$0.1mol\cdot L^{-1}$）$AgNO_3$ 溶

液 25.00mL，于 250mL 容量瓶中稀释至刻度，摇匀；

水试样：自来水或天然水。

四、实验步骤

用移液管移取水样 100.00mL 放于锥形瓶中，加 K_2CrO_4 指示液 2mL，在充分摇动下，用 $c(AgNO_3)=0.01mol\cdot L^{-1}$ $AgNO_3$ 标准滴定溶液滴定至溶液由黄色变为淡橙色（与标定 $AgNO_3$ 溶液时颜色一致），即为终点。平行测定 3 次。同时做空白实验。

计算水中氯的含量，以 $mg\cdot L^{-1}$表示。

五、实验数据计算

$$Cl(mg\cdot L^{-1})=\frac{c(AgNO_3)\cdot V(AgNO_3)\cdot M(Cl)}{V}\times 1000$$

式中 $c(AgNO_3)$——$AgNO_3$ 标准滴定溶液的浓度，$mol\cdot L^{-1}$；

$V(AgNO_3)$——滴定时消耗 $AgNO_3$ 标准滴定溶液的体积，L；

$M(Cl)$——Cl 的摩尔质量，$g\cdot mol^{-1}$；

V——水试样的体积，L。

六、思考题

1. 水样如为酸性或碱性，对测定有无影响？应如何处理？
2. 实验中存在什么离子的干扰？应如何消除干扰？
3. 莫尔法能否测定 I^-、SCN^-？为什么？
4. K_2CrO_4 指示剂的加入量对测定结果会产生什么影响？

实验三十八　碘化钠含量的测定

一、实验目的

1. 掌握法扬司法测定卤化物的原理和方法。
2. 掌握用曙红作指示剂判断滴定终点的方法。

二、实验原理

在乙酸酸性溶液中，以曙红为指示剂，用 $AgNO_3$ 标准滴定溶液滴定碘化物。反应为：

$$Ag^+ + I^- = AgI\downarrow \text{(黄色)}$$

在化学计量点前，生成的 AgI 吸附 I^- 形成 $(AgI)I^-$ 而带负电荷，溶液仍显曙红的黄色；在化学计量点时，微过量的 Ag^+ 使 AgI 沉淀吸附 Ag^+ 形成 $(AgI)Ag^+$ 而带正电荷，从而吸附曙红的阴离子 In^-，溶液呈玫瑰红色。

$$\underset{\text{黄色}}{(AgI)Ag^+ + In^-} = \underset{\text{玫瑰红色}}{(AgI)Ag\cdot In}$$

曙红作指示剂进行滴定时，溶液的酸度应控制在 pH＝2～10 的范围。

三、实验试剂

$AgNO_3$ 标准滴定溶液 $c(AgNO_3)=0.1mol\cdot L^{-1}$；

HAc 溶液：量取 48mL 冰乙酸，稀释至 1000mL，其浓度约为 $1mol\cdot L^{-1}$；

曙红钠盐指示液（$5g\cdot L^{-1}$）：称取 0.50g 曙红钠盐，溶于水，稀释至 100mL；

碘化钠试样。

四、实验步骤

准确称取碘化钠试样 0.3～0.4g 置于锥形瓶中，以 100mL 水溶解，加 10mL HAc 溶液及 3 滴曙红钠盐指示液。用 $c(AgNO_3)=0.1mol\cdot L^{-1}$ $AgNO_3$ 标准滴定溶液滴定至沉淀由黄色变为玫瑰红色。即为终点。平行测定 3 次。

五、实验数据计算

$$w(NaI)=\frac{c(AgNO_3)\cdot V(AgNO_3)\cdot M(NaI)}{m}\times 100\%$$

式中 $c(AgNO_3)$——$AgNO_3$ 标准滴定溶液的浓度，$mol \cdot L^{-1}$；

$V(AgNO_3)$——滴定时消耗 $AgNO_3$ 标准滴定溶液的体积，L；

$M(NaI)$——NaI 的摩尔质量，$g \cdot mol^{-1}$；

m——称取 NaI 试样的质量，g。

六、思考题

1. 采用吸附指示剂，应如何选择？
2. 以本实验为例，说明在法扬司法中吸附指示剂的变色原理。

第四章　称量分析法

实验三十九　茶叶中水分的测定

一、实验目的

1. 掌握茶叶中水分含量的测定方法。

2. 掌握称量分析基本操作。

3. 掌握恒重的操作条件。

二、实验原理

在常压条件下，试样于103℃±2℃的电热恒温干燥箱中加热至恒重，称量其质量损失，即为茶叶中水分的含量。

三、实验仪器

铝质烘皿：具盖，内径75～80mm；

鼓风电热恒温干燥箱：能自动控制温度±2℃；

干燥器：内盛有效干燥剂；

分析天平：感量0.001g。

四、实验步骤

1. 铝质烘皿的准备

将洁净的烘皿连同盖置于（103±2)℃的干燥箱中，加热1h，加盖取出，于干燥器内冷却至室温，称量（准确至0.001g)。

2. 仲裁法——103℃恒重法

称取充分混匀的试样 5g（准确至 0.001g）于已知重的烘皿中，置于（103±2）℃的干燥箱内（皿盖斜置皿边），加热 4h。加盖取出，于干燥器内冷却至室温，称量。再置于干燥箱中加热 1h，加盖取出，于干燥器内冷却，称量。重复加热 1h 的操作，直至连续两次称量差不超过 0.005g，即为恒重，以最小称量为准。

3. 快速法——120℃烘干法

称取充分混匀的试样 5g（准确至 0.001g）于已知重的烘皿中，置于 120℃干燥箱内（皿盖斜置皿边），以 2min 内回升到 120℃时计算，加热 1h，加盖取出，于干燥器内冷却至室温，称量（准确至 0.001g）。

五、实验数据计算

$$w(H_2O)=\frac{M_1-M_2}{M_0}\times 100\%$$

式中 M_1——试样和铝质烘皿烘前的质量，g；

M_2——试样和铝质烘皿烘后的质量，g；

M_0——茶试样的质量，g。

六、思考题

1. 烘皿为什么事先应先干燥？否则对分析结果会有哪些影响？

2. 试样为何要恒重？恒重如何操作？

实验四十　氯化钡含量的测定

一、实验目的

1. 掌握称量分析沉淀法测定氯化钡含量的原理和方法。

2. 掌握晶形沉淀的沉淀条件。

3. 掌握沉淀、过滤、洗涤、烘干、灰化和灼烧等称量分析的基本操作技术。

4. 学会正确使用高温炉。

二、实验原理

Ba^{2+} 以形成 $BaSO_4$ 的溶解度为最小（$K_{sp}=1.1\times10^{-10}$），能满足称量分析对沉淀式的要求。$BaSO_4$ 是晶形沉淀，沉淀初生成细小的晶粒，不易过滤，所以要选择有利于形成粗大晶体的沉淀条件。步骤如下：

称取氯化钡试样→加水溶解稀释→加稀 HCl →加热近沸→缓慢加入热的稀 H_2SO_4 并不断搅拌→沉淀完全后陈化。

陈化好的沉淀，可进行过滤、洗涤。洗涤液用 H_2SO_4 的极稀溶液，洗涤至无 Cl^-，再用 NH_4NO_3 稀溶液洗涤 1～2 次，以除去残留的 H_2SO_4。

将带有沉淀的滤纸放入于 800～850℃已灼烧至质量恒定的坩埚中，经烘干、炭化、灰化后，于 800～850℃灼烧至质量恒定。

由沉淀的质量及称量试样的质量，即可求得氯化钡的含量。

三、实验仪器和试剂

1. 仪器

称量瓶、烧杯、玻璃棒、表面皿、量筒、滴管、洗瓶、长颈漏斗、瓷坩埚、干燥器、慢速定量滤纸、漏斗架、坩埚钳、煤气灯(或电炉)、高温炉。

2. 试剂

盐酸溶液（$2mol\cdot L^{-1}$）：量取 170mL 浓盐酸，稀释至 1000mL；

硫酸溶液（$1mol\cdot L^{-1}$）：量取 56mL 浓硫酸，缓缓注入 700mL 水中，冷却，稀释至 1000mL；

硝酸溶液（$2mol\cdot L^{-1}$）：量取 154mL 浓硝酸，稀释至 1000mL；

$AgNO_3$ 溶液（$0.1mol\cdot L^{-1}$）；

NH_4NO_3（1%）：称取 1g NH_4NO_3，溶于 99mL 水中。

四、实验步骤

1. 空坩埚的准备

取两个洁净干燥的瓷坩埚，编号，放在已升温至 800～850℃ 高温炉炉口预热后，送入炉中，关好炉门。在该温度范围内，第一次灼烧 30～45min，取出冷却片刻后，转入干燥器冷却至室温，称量。再灼烧 15～20min，冷却，称量。重复操作，直至质量恒定。保存于干燥器中备用。

2. 氯化钡试样的称取和溶解

准确称取氯化钡试样 0.4～0.6g，置于 250mL 烧杯中，加 100mL 水溶解。

3. 沉淀和陈化

在盛有试样溶液的烧杯中，各加 $2mol \cdot L^{-1}$ 的 HCl 溶液 3～5mL，盖上表面皿，加热近沸（勿使溶液沸腾，以免液体飞溅），未溶的试样应全部溶解。

另取 $2mol \cdot L^{-1}$ 的 H_2SO_4 溶液 4mL 两份，分别置于两个 100mL 烧杯中，各加 30mL 水，加热近沸。

将盛有试样热溶液的烧杯放在桌子上，用洗瓶冲洗表面皿凸面，洗液一并流入烧杯中。趁热，在不断搅拌下，用胶帽滴管将 H_2SO_4 热溶液以 2～3 滴/s 的速度加到试样溶液中，直至剩余几滴 H_2SO_4 溶液为止。搅拌时玻璃棒不要碰烧杯底和内壁，以免划损烧杯，且使沉淀黏附在烧杯壁上。用洗瓶冲洗玻璃棒和烧杯上部边缘，把附着在上面的沉淀微粒冲入烧杯。

待沉淀沉降后，用滴管取剩余的稀 H_2SO_4 1～2 滴，沿烧杯壁注入已澄清的试液中，检验沉淀是否完全。如果上层清液不出现浑浊，则表明 Ba^{2+} 已沉淀完全；若有浑浊现象，应继续滴加稀 H_2SO_4 溶液，直至沉淀完全为止。

将玻璃棒移靠于烧杯口，盖上表面皿，放置过夜后进行陈化。放置时间不少于 12h；或者将烧杯置于水浴上加热 1h，并不时搅拌，以进行陈化。

4. 沉淀的过滤和洗涤

取慢速定量滤纸两张，折叠好分别放在二个长颈漏斗中，并做好“水柱”。将漏斗放在漏斗架上，漏斗下面放一洁净的400mL烧杯接收滤液，漏斗颈斜边长的一侧贴靠烧杯壁。

先将沉淀上面的清液用倾泻法倾入滤纸锥体，再以 $2mol \cdot L^{-1}$ 的 H_2SO_4 溶液4mL稀释至200mL作为洗涤液，每次用15～20mL，仍用倾泻法在烧杯中洗涤沉淀3～4次。然后将沉淀定量转移到滤纸上，开始转移时注意是否有沉淀穿过滤纸进入接收滤液的烧杯中。若有穿透现象，应将下面滤液重新过滤，或重做实验。

继续用 H_2SO_4 洗液洗涤沉淀，并使沉淀集中在滤纸锥体的底部，至洗涤到滤液不含 Cl^- 为止。检验有无 Cl^- 的方法是用表面皿收集几滴滤液，加1滴稀 HNO_3，以 $AgNO_3$ 溶液检验。

洗涤沉淀至无 Cl^- 后，再用1% NH_4NO_3 溶液洗涤1～2次，以除去残留的 H_2SO_4。

5. 沉淀的灼烧和称量

将洗净的沉淀连同滤纸取出，折成小包，放入已灼烧至质量恒定的坩埚中，在煤气灯或电炉上进行干燥、炭化和灰化。然后将坩埚送入高温炉，于800～850℃灼烧30min，取出稍冷，放入干燥器内冷却至室温（约20min），称量。再灼烧15min，冷却，称量。反复操作直至质量恒定。

计算试样中氯化钡的含量。

五、实验数据计算

$$w(BaCl_2 \cdot 2H_2O) = \frac{(m_2 - m_1)F}{m} \times 100\%$$

式中 m_2——坩埚和沉淀灼烧恒重后的质量，g；

m_1——空坩埚的质量，g；

m——试样的质量，g；

F——换算因子。

$$F = \frac{M(BaCl_2 \cdot 2H_2O)}{M(BaSO_4)}$$

式中　$M(BaCl_2 \cdot 2H_2O)$——$BaCl_2 \cdot 2H_2O$ 的摩尔质量，$g \cdot mol^{-1}$；

$M(BaSO_4)$——$BaSO_4$ 的摩尔质量，$g \cdot mol^{-1}$。

六、思考题

1. 晶形沉淀的沉淀条件是什么？如何获得颗粒较粗的晶形沉淀？

2. 什么叫沉淀的陈化？为什么要进行沉淀的陈化作用？用什么方式可以代替陈化？

3. 如何选择洗涤沉淀的洗涤液？

4. 如何提高沉淀过滤、洗涤的效果？

5. 沉淀灼烧温度过高会有什么影响？

实验四十一　钢铁中镍含量的测定

一、实验目的

1. 掌握丁二酮肟镍称量法测定镍的原理和方法。

2. 掌握丁二酮肟镍的沉淀条件。

3. 掌握微孔玻璃坩埚的使用方法及抽滤、过滤的操作技术。

二、实验原理

镍主要以固溶体和碳化物状态存在。大多数含镍的合金都溶于酸，生成的 Ni^{2+} 在 $pH=8\sim9$ 的氨性溶液中与丁二酮肟作用，生成的鲜红色沉淀。反应如下：

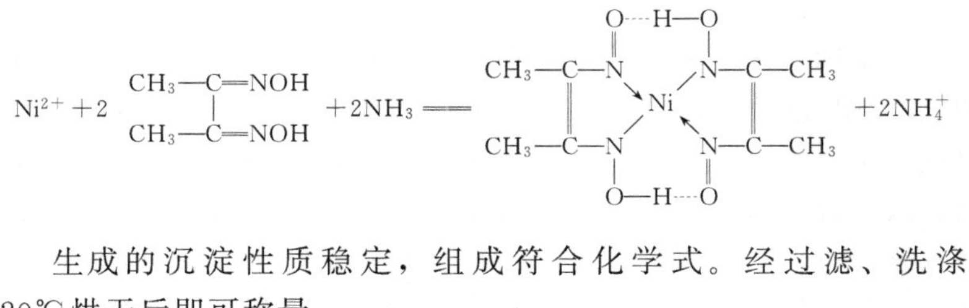

$$Ni^{2+}+2\begin{array}{l}CH_3-C=NOH\\ \qquad\;|\\ CH_3-C=NOH\end{array}+2NH_3=\begin{array}{ccccccc} & & O & \cdots H- & O & & \\ & & \| & & | & & \\ CH_3- & C- & N & & N- & C- & CH_3\\ & \| & & \searrow Ni \swarrow & & \| & \\ CH_3- & C- & N & & N- & C- & CH_3\\ & & | & & \| & & \\ & & O & -H\cdots & O & & \end{array}+2NH_4^+$$

生成的沉淀性质稳定，组成符合化学式。经过滤、洗涤、120℃烘干后即可称量。

沉淀过程中，氨的浓度不宜过高，否则由于配位效应生成氨配合物，会加大沉淀的溶解度；丁二酮肟在水中的溶解度较小，容易产生试剂本身的沉淀。加入适量乙醇可改善，但加入量不能太大，否则丁二酮肟镍的溶解度也会增大，一般以溶液中乙醇浓度约为30%～35%为宜；称量试样也需要控制，一般称出的试样中含镍应为 30～60mg。

三、实验仪器和试剂

1. 仪器

微孔玻璃坩埚（G_4）；抽滤瓶；抽气水泵等。

2. 试剂

盐酸；硝酸；

盐酸（1+1）；

硝酸（$2mol\cdot L^{-1}$）：118mL 硝酸，稀释至 1000mL；

氨水（1+1）；

氨水（3+97）：浓氨水与水按（3+97）体积比混合；

酒石酸溶液（50%）：50g 酒石酸溶于 50mL 水；

丁二酮肟溶液：1g 丁二酮肟溶于 100mL 乙醇；

氨-氯化铵洗涤液：100mL 水中加 1g NH_4Cl 和 1mL 氨水；

$AgNO_3$ 溶液（$0.1mol\cdot L^{-1}$）；

刚果红试纸（pH 3.0 蓝、pH 5.2 红）；

pH 试纸。

四、实验步骤

准确称取适量钢样（含镍约 30～60mg），置于 400mL 烧杯中，加入 30mL 浓盐酸，低温加热至试样溶解，滴入浓 HNO_3 至溶液停止产生气泡，煮沸除去氮的氧化物，冷却。于试液中加入 50%酒石酸溶液 2mL（每克试样加 10mL），然后在不断搅拌下，滴加氨水（1+1）至溶液呈弱碱性，刚果红试纸变红。如有不溶物，过滤，并用热的氨-氯化铵溶液洗涤沉淀数次，洗涤液与滤液合并。

将滤液用 HCl（1＋1）酸化，再用热水稀释至约 300mL，加热至 70～80℃，在不断搅拌下加入沉淀剂丁二酮肟溶液（每 1mg 镍约需 1mL 的丁二酮肟溶液），最后再多加 20～30mL。然后滴加氨水（1＋1）使溶液 pH 为 8～9，以 pH 试纸检验。在 60～70℃保温 30～40min。稍冷，用已烘至恒重的微孔玻璃坩埚过滤，先以氨水（3＋97）洗涤沉淀 3～5 次，再用水洗涤至无 Cl^- 为止（滤液用稀 HNO_3 酸化，加 $AgNO_3$ 溶液检验）。将盛有沉淀的微孔玻璃坩埚在 110～120℃干燥箱中烘干 1h，冷却，称量。再烘干、称量至恒重。平行测定 2 次。

五、实验数据计算

$$w(\mathrm{Ni})=\frac{(m_2-m_1)F}{m}\times 100\%$$

式中 m_1——微孔玻璃坩埚质量，g；

m_2——丁二酮肟镍沉淀与微孔玻璃坩埚质量，g；

m——镍试样的质量，g；

F——换算因子。

$$F=\frac{M(\mathrm{Ni})}{M(\mathrm{NiC_8H_{14}N_4O_4})}$$

式中 $M(\mathrm{Ni})$——镍的摩尔质量，$g\cdot mol^{-1}$；

$M(\mathrm{NiC_8H_{14}N_4O_4})$——丁二酮肟镍的摩尔质量，$g\cdot mol^{-1}$。

六、思考题

1. 丁二酮肟镍是何种类型的沉淀？如何才能得到理想的沉淀？
2. 溶解试样后，加入硝酸和酒石酸的目的是什么？
3. 沉淀剂用量为什么不能超过溶液体积的 1/3？
4. 在试液中滴加氨水至弱碱性，如出现不溶物，此不溶物是什么？

第五章　常用化学分离法

实验四十二　阳离子交换树脂交换容量的测定

一、实验目的

1. 了解离子交换树脂的处理和再生方法。
2. 掌握离子交换树脂交换容量的测定原理和方法。

二、实验原理

离子交换树脂的交换容量是指单位质量的树脂所具有的离子交换能力，以每克干树脂所能交换离子（相当于一价离子）的物质的量（mmol）表示。一般常用的阳离子交换树脂的交换容量为 $5mmol \cdot g^{-1}$左右；阴离子交换树脂为 $3mmol \cdot L^{-1}$左右。

阳离子交换树脂交换容量的测定方法是：将氢型阳离子交换树脂（简写为 RH）与中性 NaCl 交换，用 NaOH 标准滴定溶液滴定交换出来的 H^+，即可计算该树脂的交换容量。反应如下：

$$RH + NaCl \longrightarrow RNa + HCl$$
$$HCl + NaOH \longrightarrow NaCl + H_2O$$

三、实验仪器和试剂

离子交换柱（可用 50mL 酸式滴定管代替）；

玻璃棉：用蒸馏水浸泡洗净。

HCl 溶液（$1mol \cdot L^{-1}$）：90mL 盐酸，稀释至 1000mL；

NaCl 溶液（1mol·L^{-1}）：59g NaCl 溶于水，稀释至 1000mL；
甲基橙指示液（1g·L^{-1}）；
酚酞指示液（10g·L^{-1}）；
NaOH 标准滴定溶液 c(NaOH)＝0.1mol·L^{-1}；
732 聚苯乙烯型强酸性阳离子交换树脂。

四、实验步骤

1. 阳离子交换树脂预处理

取约 500g 阳离子交换树脂，置于大烧杯中，加入乙醇（95%）浸泡 12～24h。用水洗至无醇味后，加入 HCl 溶液（1＋3），浸泡 2～3h。用水洗至中性，加入 NaOH 溶液（100g·L^{-1}）浸泡 2～3h。用水洗至 pH＝9～10，再加入 HCl 溶液（1＋3），漂洗并浸泡 24h，并经常搅拌。

将上述处理的树脂装入交换柱（柱长 30～40cm，柱直径 1.5～2.5cm，可用滴定管代替），控制 10～15mL·min^{-1}的流速，用约 400mL 的 HCl 溶液（1＋3）洗涤树脂。最后用水洗至洗涤液呈中性，将洗好的树脂浸泡在水中，备用。

2. 树脂的干燥

将预处理好的树脂约 10g，用滤纸吸干，置于培养皿或称量瓶中，放于干燥箱，在 105℃ 干燥 1h，取出放入干燥器中冷却至室温，称量。然后再在干燥箱中干燥 30min，再冷却，称量，直至恒重为止。

3. 离子交换树脂交换容量的测定

准确称取上述干燥树脂 1g，置于锥形瓶中，加入 1mol·L^{-1} 的 NaCl 溶液 100mL，摇动 5min，静置 1h。然后加入 3 滴酚酞指示液，用 NaOH 标准滴定溶液滴定至溶液呈粉红色 30s 不褪色为终点。计算阳离子交换树脂的交换容量。平行测定 2 次。使用过的树脂回收在一烧杯中，统一进行再生处理。

4. 失效树脂的再生处理

将失效后的树脂用 HCl（1＋1）漂洗 3 次，加 HCl 溶液（1＋

3）浸泡 24h，并不时搅拌。将盐酸排尽，再用 HCl 溶液（1＋3）漂洗 3 次。将上述树脂装入交换柱，用 400mL HCl 溶液（1＋3）洗涤树脂，控制流速为 5～6mL·min^{-1}；再用水洗至洗涤液呈中性。最后将树脂浸泡在水中，备用。

五、实验数据计算

$$\text{交换容量}[\text{mmol}\cdot\text{g}^{-1}(\text{干树脂})]=\frac{cV}{m(1-\text{水分})}$$

式中　c——滴定时 NaOH 标准滴定溶液的浓度，mol·L^{-1}；

V——滴定消耗 NaOH 标准滴定溶液的体积，mL；

m——树脂的质量，g。

$$\text{水分}=\frac{m_1-m_2}{m}\times 100\%$$

式中　m_1——烘前称量瓶和树脂的质量，g；

m_2——烘后称量瓶和树脂的质量，g；

m——树脂的质量，g。

六、思考题

1. 市售阳离子交换树脂在使用前，为什么要进行预处理？如何进行？

2. 如何计算树脂的交换容量？单位如何表示。

实验四十三　硝酸钠纯度的测定

一、实验目的

1. 掌握离子交换法测定硝酸钠的原理和方法。

2. 掌握装交换柱的技术和离子交换树脂的处理方法。

二、实验原理

一定量的硝酸钠溶液通过氢型阳离子交换树脂时，Na^+ 与树

脂的 H^+ 进行交换，得到 HNO_3，用 NaOH 标准滴定溶液滴定。反应如下：

$$RH + NaNO_3 = RNa + HNO_3$$

$$HNO_3 + NaOH = NaNO_3 + H_2O$$

三、实验仪器和试剂

离子交换柱：可用 50mL 滴定管代替；

玻璃棉：用蒸馏水浸泡洗净；

HCl 溶液（1+3）；

甲基红指示液：$1g \cdot L^{-1}$ 乙醇溶液；

NaOH 标准滴定溶液 $c(NaOH) = 0.1mol \cdot L^{-1}$；

732 型聚苯乙烯型强酸性阳离子交换树脂。

四、实验步骤

1. 树脂装柱

在洗净的离子交换柱的下端放少量玻璃棉，将前实验所述方法处理好的树脂连同水倒入交换柱中，树脂层高度为 25～30cm，在树脂层上面放少许玻璃棉。注意树脂层应在液面下约 5cm，柱内不应出现气泡。若树脂层有气泡，可反复倒置交换柱，将气泡赶除。

交换柱装好后，用 50mL 的 HCl（1+3）溶液洗涤树脂，控制 $10 \sim 15mL \cdot min^{-1}$ 的流速，再用水洗至中性。

2. $NaNO_3$ 的测定

准确称取硝酸钠试样 0.25g，置于小烧杯中，加 20mL 水溶解，注入阳离子交换树脂中，以 $4 \sim 5mL \cdot min^{-1}$ 的流速进行交换，用锥形瓶收集流出的交换液。先用少量水洗涤小烧杯 3 次，再用约 70mL 水分次洗涤树脂柱，洗至流出液呈中性，洗涤液一并收集在盛有交换液的锥形瓶中。在溶液中加 2 滴甲基红指示液，用 NaOH 标准滴定溶液滴定至溶液呈黄色。计算硝酸钠的含量。平行测定 2 次。

五、实验数据计算

$$w(\mathrm{NaNO_3})=\frac{c(\mathrm{NaOH})V(\mathrm{NaOH})M(\mathrm{NaNO_3})}{m}\times100\%$$

式中 $c(\mathrm{NaOH})$——NaOH 标准滴定溶液的浓度，$\mathrm{mol\cdot L^{-1}}$；

$V(\mathrm{NaOH})$——滴定消耗 NaOH 标准滴定溶液的体积，L；

$M(\mathrm{NaNO_3})$——$NaNO_3$ 的摩尔质量，$\mathrm{g\cdot mol^{-1}}$；

m——$NaNO_3$ 试样的质量，g。

六、思考题

1. 为什么树脂层不能出现气泡？如何装柱可避免出现气泡？若有气泡，应如何解决？

2. 为什么液面必须高于树脂层？若出现流干现象，会有何影响？

实验四十四　铜、铁、钴、镍的纸色谱分离

一、实验目的

1. 掌握纸色谱分离的基本原理。
2. 掌握纸色谱分离的基本操作技术。
3. 学会测量 R_f 值，作定性鉴定。

二、实验原理

当含铜、铁、钴、镍的试液点在滤纸上，用有机溶剂进行展开，利用各组分在固定相和流动相之间的分配系数不同，从而达到各组分分离的目的。各组分的比移值为：

$$R_f=\frac{a}{b}$$

式中 a——原点至斑点中心的距离，cm；

b——原点至溶剂前沿的距离，cm。

在一定条件下，R_f 是物质的特征值。因此 R_f 值可以进行物质的定性鉴定。

若以丙酮-盐酸-水作展开剂，用上行法展开，分离含 Cu^{2+}、Fe^{3+}、Co^{2+}、Ni^{2+} 的试液，其中 Fe^{3+} 移动最快，其次是 Cu^{2+} 和 Co^{2+}，Ni^{2+} 移动最慢。展开后用氨熏，以中和其酸性，然后用二硫代乙二酰胺显色，从上至下各斑点为棕黄色、灰绿色、深黄色和蓝色。以 Cu^{2+} 为例起显色反应如下：

$$Cu^{2+} + H_2N-\underset{\underset{S}{\|}}{C}-\underset{\underset{S}{\|}}{C}-NH_2 + 2NH_3 = HN{=}C-C{=}NH\ (\text{S},\text{S} \to Cu) + 2NH_4^+$$

三、实验仪器和试剂

1. 仪器

展开槽：可用 100mL 量筒配一个橡胶塞代替，胶塞下做一个挂钩；

毛细管：喷雾器；

滤纸：新华中速滤纸，裁成 25cm×2.0cm 大小。

2. 试剂

丙酮-浓盐酸-水（90＋5＋5）；

二硫代乙二酰胺：0.5％乙醇溶液；

浓氨水；

Cu^{2+}、Fe^{3+}、Co^{2+}、Ni^{2+} 混合试液：以氯化物配制，各为 $5mg \cdot mL^{-1}$，等体积混合。

四、实验步骤

1. 滤纸的处理

取少量展开剂，置于小烧杯中，然后放入干燥器下层。将滤纸放在干燥器中的瓷板上，盖严，放置 24h 以上即可使用。

2. 点样

取已裁好并在具有展开剂的干燥器中放置 24h 以上的滤纸一

张，于纸条一端 2cm 处用铅笔画一条横线，并在横线中间记一个“×”号，此点为原点。用毛细管或微量移液管滴加混合试液于横线上的“×”号处，斑点直径为 0.5cm 左右即可，放在空气中风干。然后将滤纸条（无试液的一端）悬挂在橡胶塞下面的挂钩上。

3. 展开

在干燥的展开槽中加入 10mL 展开剂，将挂有滤纸条的橡胶塞盖紧，使滤纸的一端浸入展开剂约 0.5cm，开始进行展开。

4. 显色

待展开剂前沿上升至离顶端 2cm 左右时，取出滤纸条，立即用铅笔记下展开剂前沿位置，将滤纸条在空气中风干后，放在浓氨水瓶口熏 5min，然后用显色剂喷洒显色。注意喷洒量不宜过多，以免底色过深影响斑点观察。此时从上到下得到四个清晰的斑点，依次为棕黄、灰绿、黄和蓝色。

5. 测量及计算比移值

用铅笔将各斑点的范围标出，找出各斑点的中心点，然后测量原点到展开剂前沿的距离 b 及原点至各斑点中心的距离 a。

计算 Cu^{2+}、Fe^{3+}、Co^{2+}、Ni^{2+} 的 R_f 值。

五、思考题

1. 展开剂中加入盐酸的作用是什么？

2. 为什么滤纸在展开前需要放在干燥器中用展开剂的蒸气所饱和？

3. 影响 R_f 值的因素有哪些？

附　录

一、常用酸碱指示剂的密度和浓度

名　称	密度/($g \cdot mL^{-1}$)	含量/%	浓度/($mol \cdot L^{-1}$)
盐酸	1.18～1.19	36～38	11.6～12.4
硝酸	1.39～1.40	65.0～68.0	14.4～15.2
硫酸	1.83～1.84	95～98	17.8～18.4
磷酸	1.69	85	14.6
高氯酸	1.68	70.0～72.0	11.7～12.0
冰乙酸	1.05	99.8(G.R.);99.0(A.R.、C.P.)	17.4
氢氟酸	1.13	40	22.5
氢溴酸	1.49	47.0	8.6
氨水	0.88～0.90	25.0～28.0	13.3～14.8

二、常见基准物质的干燥条件和应用

基准物质名称	分子式	干燥后组成	干燥条件/℃	标定对象
碳酸氢钠	$NaHCO_3$	Na_2CO_3	270～300	酸
碳酸钠	$Na_2CO_3 \cdot 10H_2O$	Na_2CO_3	270～300	酸
硼砂	$Na_2B_4O_7 \cdot 10H_2O$	$Na_2B_4O_7 \cdot 10H_2O$	含 NaCl 和蔗糖饱和液的干燥器中	酸
碳酸氢钾	$KHCO_3$	K_2CO_3	270～300	酸
草酸	$H_2C_2O_4 \cdot 2H_2O$	$H_2C_2O_4 \cdot 2H_2O$	室温空气中干燥	碱或 $KMnO_4$
邻苯二甲酸氢钾	$KHC_8H_4O_4$	$KHC_8H_4O_4$	105～110	碱或高氯酸
重铬酸钾	$K_2Cr_2O_7$	$K_2Cr_2O_7$	120	还原剂
溴酸钾	$KBrO_3$	$KBrO_3$	130	还原剂

续表

基准物质名称	分子式	干燥后组成	干燥条件/℃	标定对象
碘酸钾	KIO_3	KIO_3	130	还原剂
铜	Cu	Cu	室温干燥器中	还原剂
三氧化二砷	As_2O_3	As_2O_3	硫酸干燥器中	氧化剂
草酸钠	$Na_2C_2O_4$	$Na_2C_2O_4$	105～110	氧化剂
碳酸钙	$CaCO_3$	$CaCO_3$	110	EDTA
锌	Zn	Zn	室温干燥器中	EDTA
氧化锌	ZnO	ZnO	800	EDTA
氯化钠	NaCl	NaCl	500～600	$AgNO_3$
氯化钾	KCl	KCl	500～600	$AgNO_3$
硝酸银	$AgNO_3$	$AgNO_3$	硫酸干燥器	氯化物、硫氰酸盐

三、常用指示剂

（一）酸碱指示剂

名称	变色范围/pH	颜色变化	溶液配制方法
甲基紫	0.13～0.50(第一次变色) 1.0～1.5(第二次变色) 2.0～3.0(第三次变色)	黄～绿 绿～蓝 蓝～紫	0.5g·L^{-1}水溶液
百里酚蓝	1.2～2.8(第一次变色)	红～黄	1g·L^{-1}乙醇溶液
甲酚红	0.2～1.8(第一次变色)	红～黄	1g·L^{-1}乙醇溶液
甲基黄	2.9～4.0	红～黄	1g·L^{-1}乙醇溶液
甲基橙	3.1～4.4	红～黄	1g·L^{-1}水溶液
溴酚蓝	3.0～4.6	黄～紫	0.4g·L^{-1}乙醇溶液
刚果红	3.0～5.2	蓝紫～红	1g·L^{-1}水溶液
溴甲酚绿	3.8～5.4	黄～蓝	1g·L^{-1}乙醇溶液
甲基红	4.4～6.2	红～黄	1g·L^{-1}乙醇溶液
溴酚红	5.0～6.8	黄～红	1g·L^{-1}乙醇溶液
溴甲酚紫	5.2～6.8	黄～紫	1g·L^{-1}乙醇溶液
溴百里酚蓝	6.0～7.6	黄～蓝	1g·L^{-1}乙醇[50%(V/V)]溶液
中性红	6.8～8.0	红～亮黄	1g·L^{-1}乙醇溶液

续表

名　称	变色范围/pH	颜色变化	溶液配制方法
酚红	6.4～8.2	黄～红	$1g \cdot L^{-1}$乙醇溶液
甲酚红	7.0～8.8	黄～紫红	$1g \cdot L^{-1}$乙醇溶液
百里酚蓝	8.0～9.6(第二次变色)	黄～蓝	$1g \cdot L^{-1}$乙醇溶液
酚酞	8.2～10.0	无～红	$10g \cdot L^{-1}$乙醇溶液
百里酚酞	9.4～10.6	无～蓝	$1g \cdot L^{-1}$乙醇溶液

（二）混合酸碱指示剂

名　　称	变色点/pH	颜　色		配　制　方　法	备　注
		酸色	碱色		
甲基橙-靛蓝(二磺酸)	4.1	紫	绿	一份 $1g \cdot L^{-1}$甲基橙溶液 一份 $2.5g \cdot L^{-1}$靛蓝(二磺酸)水溶液	
溴百里酚绿-甲基橙	4.3	黄	蓝绿	一份 $1g \cdot L^{-1}$溴百里酚绿钠盐溶液 一份 $2g \cdot L^{-1}$甲基橙水溶液	pH=3.5 黄 pH=4.05 绿黄 pH=4.3 浅绿
溴甲酚绿-甲基红	5.1	酒红	绿	三份 $1g \cdot L^{-1}$溴甲酚绿乙醇溶液 一份 $2g \cdot L^{-1}$甲基红乙醇溶液	
甲基红、亚甲基蓝	5.4	红紫	绿	二份 $1g \cdot L^{-1}$甲基红乙醇溶液 一份 $1g \cdot L^{-1}$亚甲基蓝乙醇溶液	pH=5.2 红紫 pH=5.4 暗蓝 pH=5.6 绿
溴甲酚绿-氯酚红	6.1	黄绿	蓝紫	一份 $1g \cdot L^{-1}$溴甲酚绿钠盐水溶液 一份 $1g \cdot L^{-1}$氯酚红钠盐水溶液	pH=5.8 蓝 pH=6.2 蓝紫
溴甲酚紫-溴百里酚蓝	6.7	黄	蓝紫	一份 $1g \cdot L^{-1}$溴甲酚紫钠盐水溶液 一份 $1g \cdot L^{-1}$溴百里酚蓝钠盐水溶液	

续表

名称	变色点/pH	颜色		配制方法	备注
		酸色	碱色		
中性红-亚甲基蓝	7.0	紫蓝	绿	一份 $1g \cdot L^{-1}$ 中性红乙醇溶液 一份 $1g \cdot L^{-1}$ 亚甲基蓝乙醇溶液	pH=7.0 蓝紫
溴百里酚蓝-酚红	7.5	黄	紫	一份 $1g \cdot L^{-1}$ 溴百里酚蓝钠盐水溶液 一份 $1g \cdot L^{-1}$ 酚红钠盐水溶液	pH=7.2 暗绿 pH=7.4 淡紫 pH=7.6 深紫
甲酚红-百里酚蓝	8.3	黄	紫	一份 $1g \cdot L^{-1}$ 甲酚红钠盐水溶液 三份 $1g \cdot L^{-1}$ 百里酚蓝钠盐水溶液	pH=8.2 玫瑰 pH=8.4 紫
百里酚蓝-酚酞	9.0	黄	紫	一份 $1g \cdot L^{-1}$ 百里酚蓝乙醇溶液 三份 $1g \cdot L^{-1}$ 酚酞乙醇溶液	
酚酞-百里酚酞	9.9	无	紫	一份 $1g \cdot L^{-1}$ 酚酞乙醇溶液 一份 $1g \cdot L^{-1}$ 百里酚酞乙醇溶液	pH=9.6 玫瑰 pH=10 紫

（三）金属离子指示剂

名称	颜色		配制方法
	化合物	游离态	
铬黑 T(EBT)	红	蓝	1. 称取 0.50g 铬黑 T 和 2.0g 盐酸羟胺，溶于乙醇中，用乙醇稀释至 100mL。使用前制备 2. 将 1.0g 铬黑 T 与 100.0g NaCl 研细，混匀
二甲酚橙(XO)	红	黄	$2g \cdot L^{-1}$ 水溶液（去离子水）
钙指示剂	酒红	蓝	0.50g 钙指示剂与 100.0g NaCl 研细，混匀
紫脲酸铵	黄	紫	1.0g 紫脲酸铵与 200.0g NaCl 研细，混匀
K-B 指示剂	红	蓝	0.50g 酸性铬蓝 K 加 1.250g 萘酚绿，再加 25.0g K_2SO_4 研细，混匀
磺基水杨酸	红	无	$10g \cdot L^{-1}$ 水溶液

续表

名称	颜色		配制方法
	化合物	游离态	
PAN	红	黄	2g·L^{-1}乙醇溶液
Cu-PAN (CuY+PAN)	Cu-PAN红	CuY+PAN浅绿色	0.05mol·L^{-1} Cu^{2+}溶液10mL，加pH 5～6的HAc缓冲溶液5mL，1滴PAN指示剂，加热至60℃左右，用EDTA滴至绿色，得到约0.025mol·L^{-1}的CuY溶液。使用时取2～3mL于试液中，再加数滴PAN溶液

（四）氧化还原指示剂

名称	变色点电位值/V	颜色		配制方法
		氧化态	还原态	
二苯胺	0.76	紫	无	1g二苯胺在搅拌下溶于100mL浓硫酸中
二苯胺磺酸钠	0.85	紫	无	5g·L^{-1}水溶液
邻菲啰啉-Fe(Ⅱ)	1.06	淡蓝	红	0.5g $FeSO_4\cdot 7H_2O$溶于100mL水中，加2滴硫酸，再加0.5g邻菲啰啉
邻苯氨基苯甲酸	1.08	紫红	无	0.2g邻苯氨基苯甲酸，加热溶解在100mL 0.2%的Na_2CO_3溶液中，必要时过滤
硝基邻二氮菲-Fe(Ⅱ)	1.25	淡蓝	紫红	1.7g硝基邻二氮菲溶于100mL 0.025mol·L^{-1}的Fe^{2+}溶液中
淀粉				1g可溶性淀粉加少许水调成糊状，在搅拌下注入100mL沸水中，微沸2min，放置，取上层清液使用(若要保持稳定，可在研磨淀粉时加1mg HgI_2)

（五）沉淀滴定法指示剂

名称	颜色变化		配制方法
	氧化态	还原态	
铬酸钾	黄	砖红	5g K_2CrO_4溶于水，稀释至100mL
硫酸铁铵	无	血红	40g $NH_4Fe(SO_4)_2\cdot 12H_2O$溶于水，加几滴硫酸，用水稀释至100mL
荧光黄	绿色荧光	玫瑰红	0.5g荧光黄溶于乙醇，用乙醇稀释至100mL
二氯荧光黄	绿色荧光	玫瑰红	0.1g二氯荧光黄溶于乙醇，用乙醇稀释至100mL
曙红	黄	玫瑰红	0.5g曙红钠盐溶于水，稀释至100mL

四、常用缓冲溶液的配制

溶液组成	pK_a	溶液 pH	配制方法
氨基乙酸-HCl	2.35 (pK_{a1})	2.3	氨基乙酸 150g 溶于 500mL 水中，加盐酸 80mL，用水稀释至 1000mL
一氯乙酸-NaOH	2.86	2.8	一氯乙酸 200g 溶于 200mL 水中，加 NaOH 40g，溶解后，稀释至 1000mL
邻苯二甲酸氢钾-HCl	2.95 (pK_{a1})	2.9	邻苯二甲酸氢钾 500g 溶于 500mL 水中，加盐酸 80mL，用水稀释至 1000mL
甲酸-NaOH	3.76	3.7	甲酸 95g 和 NaOH 40g 溶于 500mL 水中，溶解后，稀释至 1000mL
NH_4Ac-HAc	4.74	4.5	NH_4Ac 77g 溶于 200mL 水中，加冰乙酸 59mL，用水稀释至 1000mL
NaAc-HAc	4.74	5.0	无水 NaAc 120g 溶于水，加冰乙酸 60mL，用水稀释至 1000mL
六亚甲基四胺-HCl	5.15	5.4	六亚甲基四胺 40g 溶于水，加盐酸 10mL，用水稀释至 1000mL
NH_4Ac-HAc	4.74	6.0	NH_4Ac 600g 溶于水，加冰乙酸 20mL，稀释至 1000mL
NH_4Cl-NH_3	9.26	8.0	NH_4Cl 100g 溶于水，加氨水 7.0mL，稀释至 1000mL
NH_4Cl-NH_3	9.26	9.0	NH_4Cl 70g 溶于水，加氨水 48mL，稀释至 1000mL
NH_4Cl-NH_3	9.26	10	NH_4Cl 54g 溶于水，加氨水 350mL，稀释至 1000mL

五、常见化合物的摩尔质量 M ($g \cdot mol^{-1}$)

化合物	M	化合物	M
AgBr	187.77	AgSCN	165.95
AgCl	143.32	Al_2O_3	101.96
AgCN	133.89	$AlCl_3$	133.34
Ag_2CrO_4	331.73	$AlCl_3 \cdot 6H_2O$	241.43
AgI	234.77	$Al_2(SO_4)_3$	342.17
$AgNO_3$	169.87	As_2O_3	197.84

续表

化　合　物	M	化　合　物	M
$BaCO_3$	197.34	H_2CO_3	60.02
$BaCl_2$	208.24	$H_2C_2O_4 \cdot 2H_2O$	126.07
$BaCl_2 \cdot 2H_2O$	244.27	HCl	36.46
BaO	153.33	$HClO_4$	100.46
$BaSO_4$	233.39	HF	20.01
CO_2	44.01	HI	127.91
$CaCO_3$	100.09	HIO_3	175.91
CaC_2O_4	128.10	HNO_3	63.01
$CaCl_2$	110.99	HNO_2	47.01
$CaCl_2 \cdot 6H_2O$	219.08	H_2O	18.015
CaO	56.08	H_2O_2	34.015
$Ca(OH)_2$	74.10	H_3PO_4	98.00
$Ca_3(PO_4)_2$	310.18	H_2S	34.08
$CaSO_4$	136.14	H_2SO_3	82.07
CuI	317.36	H_2SO_4	98.07
CuS	95.61	$HgCl_2$	271.50
$CuSO_4$	159.60	$Hg(NO_3)_2$	324.60
$CuSO_4 \cdot 5H_2O$	249.68	HgO	216.59
CuO	79.55	HgS	232.65
Cu_2O	143.09	$HgSO_4$	497.24
CdS	144.47	I_2	253.81
$Ce(SO_4)_2$	332.24	KBr	119.00
$Co(NO_3)_2$	182.94	$KBrO_3$	167.00
Cr_2O_3	151.91	KCl	74.55
CH_3COOH	60.05	$KClO_3$	122.55
$Fe(NH_4)_2(SO_4)_2 \cdot 6H_2O$	392.13	$KClO_4$	138.55
Fe_3O_4	231.54	KCN	65.12
Fe_2O_3	159.69	K_2CO_3	138.21
FeO	71.85	K_2CrO_4	194.19
H_3AsO_3	125.94	$K_2Cr_2O_7$	294.18
H_3AsO_4	141.94	$KHC_8H_4O_4$	204.22
H_3BO_3	61.83	$K_3Fe(CN)_6$	329.25
HBr	80.91	$K_4Fe(CN)_6 \cdot 3H_2O$	422.41
HCN	27.03	KI	166.00
$HCOOH$	46.03	KIO_3	214.00

续表

化 合 物	M	化 合 物	M
$KMnO_4$	158.03	$Na_2S_2O_3$	158.10
KNO_3	101.10	$Na_2S_2O_3 \cdot 5H_2O$	248.17
KOH	56.11	$NaHCO_3$	84.01
KSCN	97.18	$NaNO_3$	85.00
K_2SO_4	174.25	Na_2O	61.98
LiBr	86.84	NH_3	17.03
LiI	133.85	NH_4Cl	53.49
$MgCO_3$	84.31	$(NH_4)_2Ce(NO_3)_6$	548.23
$MgCl_2$	95.21	$(NH_4)_2CO_3$	96.09
$Mg(NO_3)_2$	148.31	$(NH_4)_2SO_4$	132.13
$MgNH_4PO_4$	137.32	P_2O_5	141.95
MgO	40.30	$PbCO_3$	267.21
$Mg(OH)_2$	58.32	PbC_2O_4	295.22
$Mg_2P_2O_7$	222.55	$PbCl_2$	278.11
$MgSO_4$	120.36	$Pb(NO_3)_2$	331.21
$MgSO_4 \cdot 7H_2O$	246.67	PbO	223.20
MnO	70.94	PbO_2	239.20
MnO_2	86.94	PbS	239.26
MnS	87.00	$PbSO_4$	303.26
$MnSO_4$	151.00	SO_3	80.06
NO_2	46.01	SO_2	64.06
Na_3AsO_3	191.89	$SbCl_3$	228.11
Na_2CO_3	105.99	SiF_4	104.08
CH_3COONa	82.03	SiO_2	60.08
$Na_2C_2O_4$	134.00	$SnCl_2$	189.60
$NaHCO_3$	84.01	$SnCl_4$	260.50
NaCl	58.44	SnO_2	150.69
NaClO	74.44	$ZnCO_3$	125.39
$NaClO_4$	122.44	ZnC_2O_4	153.40
$Na_2H_2Y \cdot 2H_2O$	372.24	$ZnCl_2$	136.29
$NaNO_3$	84.99	$Zn(CH_3COO)_2$	183.47
NaOH	39.997	ZnO	81.38
Na_3PO_4	163.94	ZnS	97.44
Na_2SO_3	126.04	$ZnSO_4$	161.44
Na_2SO_4	142.04		

六、定量分析实验仪器清单（学生自用仪器）

仪器名称	规格	数量	仪器名称	规格	数量
酸式滴定管	50mL	1	微孔玻璃坩埚	30mL	2
碱式滴定管	50mL	1	移液管	25mL	1
烧杯	400mL 或 500mL	2		10mL	1
	250mL	2	表面皿	直径 6～12cm	4
	100mL	2	小滴管	带橡胶头	2
量筒(或量杯)	100mL	1	玻璃棒		2
	10mL	1	漏斗	6cm	2
锥形瓶	250mL	4	干燥器	直径 150mm	1
碘量瓶	500mL	1	塑料洗瓶	500mL	1
容量瓶	500mL	1	牛角匙		1
	250mL	1	瓷坩埚	25mL 或 30mL	2
	100mL	1	洗耳球		1
试剂瓶	1000mL	2	小坩埚钳		1
	500mL	1	漏斗架		1
试剂瓶(棕色)	1000mL	1	滴定台	带滴定管夹	1
称量瓶(高形)	10～20mL	1			
(扁形)	15～30mL	2			

七、公用仪器

分析天平

托盘天平

电热干燥箱

马弗炉

吸量管（10mL、2mL）

移液管（100mL、20mL）

移液管架

铁质长坩埚钳

干燥器（带变色硅胶）

抽滤瓶

定量滤纸和定性滤纸

pH 试纸

参 考 文 献

1 马腾文主编. 分析技术与操作（Ⅰ）——分析室基本知识及基本操作. 北京：化学工业出版社，2005

2 蔡增俐主编. 分析技术与操作（Ⅱ）——化学分析及基本操作. 北京：化学工业出版社，2005

3 胡伟光主编. 定量化学分析实验. 北京：化学工业出版社，2004

4 高职高专化学教材编写组. 分析化学实验. 第 2 版. 北京：高等教育出版社，2002

5 苗凤琴主编. 分析化学实验. 北京：化学工业出版社，2001

6 武汉大学主编. 分析化学. 第 4 版. 北京：高等教育出版社，2000

7 李楚芝主编. 分析化学实验. 北京：化学工业出版社，1998